南大专转本系列

专转本
高等数学
专题突破

南大专转本题库研究中心
高职高专研究会基础课程研究分会　共同审定

主　编⊙王　坤
编　委⊙王　莹　王一虹　王小梅　王　芳
　　　　邓　芸　许辉慧　沈园园　陈　芳
　　　　陈达军　张梅芳　林菲菲　袁一平
　　　　韩　丽　徐　骏

南京大学出版社

图书在版编目(CIP)数据

专转本高等数学专题突破 / 王坤主编. —南京：南京大学出版社，2016.3(2020.9重印)
ISBN 978-7-305-16475-0

Ⅰ.①专… Ⅱ.①王… Ⅲ.①高等数学—成人高等教育—习题集—升学参考资料 Ⅳ.①O13-44

中国版本图书馆 CIP 数据核字(2016)第 015924 号

出版发行	南京大学出版社
社　　址	南京市汉口路22号　邮　编　210093
出版人	金鑫荣
书　　名	**专转本高等数学专题突破**
主　编	王　坤
责任编辑	田　甜　李鸿敏　　编辑热线　025-83686029
照　　排	南京南琳图文制作有限公司
印　　刷	盐城市华光印刷厂
开　　本	787×1092　1/16　印张 11.5　字数 150千
版　　次	2016年3月第1版　2020年9月第2次印刷
ISBN	978-7-305-16475-0
定　　价	30.00元

网址：http://www.njupco.com
官方微博：http://weibo.com/njupco
官方微信号：njupress
销售咨询热线：(025) 83594756

* 版权所有，侵权必究
* 凡购买南大版图书，如有印装质量问题，请与所购图书销售部门联系调换

前　言

"高等数学"一直是江苏专转本理工类考生必考的一门学科，自开考以来，一直受考生关注。南大专转本系列从一开始就为理工类考生准备了复习用书，邀请省内一线专转本高等数学的专家，包括专转本高等数学命题、审题和阅卷专家库成员，编写了《专转本数学考试必读》和《专转本高等数学考试核心密卷》等系列考试辅导用书，并组织专家多次在常州大学城、南京仙林和江宁大学城以及宿迁等地高职院校，做了几十场次的公益讲座，取得了非常好的效果，帮助数以千计的学子圆梦，实现人生目标的飞跃，更有一些学子，已经从本科考取了研究生，少数优秀者还留在大学任教，成了《南大专转本》编委会的一员。

根据江苏省"专转本"考试的最新要求，结合历年来"专转本"高等数学考试的得分曲线，考生在高等数学五大题型（选择题、填空题、计算题、综合题、证明题）中的得分（失分）因考生的个体差异而有所不同，并应广大读者要求，《南大专转本》编委会组织专家主编了这本《专转本高等数学专题突破》，着重就江苏"专转本"高等数学的五大题型，分别设置若干专项练习，让考生在复习前进行专门训练，以全面提升对各类题型的熟练程度，全面提高获取高分的能力。

由于时间仓促，书中一定存在不足之处，欢迎读者批评指正。

编　者

2015 年岁末于南京大学鼓楼校区

目 录

前 言 ·· 1
一、单选题专项练习 ·· 1
二、填空题专项练习 ·· 15
三、计算题专项练习 ·· 22
四、综合题专项练习 ·· 83
五、证明题专项练习 ·· 113
参考答案 ·· 143

一、单选题专项练习

单选专题一

1. 下列各极限正确的是 （　　）

   A. $\lim\limits_{x\to 0}\left(1+\dfrac{1}{x}\right)^x = e$ 　　B. $\lim\limits_{x\to\infty}\left(1+\dfrac{1}{x}\right)^{\frac{1}{x}} = e$

   C. $\lim\limits_{x\to\infty} x\sin\dfrac{1}{x} = 1$ 　　D. $\lim\limits_{x\to 0} x\sin\dfrac{1}{x} = 1$

2. 不定积分 $\displaystyle\int \dfrac{1}{\sqrt{1-x^2}}\mathrm{d}x =$ （　　）

   A. $\dfrac{1}{\sqrt{1-x^2}}$ 　　B. $\dfrac{1}{\sqrt{1-x^2}} + C$

   C. $\arcsin x$ 　　D. $\arcsin x + C$

3. 若 $f(x) = f(-x)$，且在 $[0, +\infty)$ 内：$f'(x) > 0, f''(x) > 0$，则 $f(x)$ 在 $(-\infty, 0)$ 内必有 （　　）

   A. $f'(x) < 0, f''(x) < 0$ 　　B. $f'(x) < 0, f''(x) > 0$

   C. $f'(x) > 0, f''(x) < 0$ 　　D. $f'(x) > 0, f''(x) > 0$

4. 定积分 $\displaystyle\int_0^2 |x-1|\,\mathrm{d}x =$ （　　）

   A. 0 　　B. 2

   C. -1 　　D. 1

5. 方程 $x^2 + y^2 = 4x$ 在空间直角坐标系中表示 （　　）

   A. 圆柱面 　　B. 点

   C. 圆 　　D. 旋转抛物面

6. 若 $f(x) = \dfrac{1-2e^{\frac{1}{x}}}{1+e^{\frac{1}{x}}}$，则 $x=0$ 是 $f(x)$ 的 （　　）

   A. 可去间断点 　　B. 跳跃间断点

   C. 无穷间断点 　　D. 连续点

单选专题二

1. 已知 $f(x)$ 是可导函数,则 $\lim\limits_{h\to 0}\dfrac{f(h)-f(-h)}{h}=$ （   ）
   A. $f'(x)$ B. $f'(0)$
   C. $2f'(0)$ D. $2f'(x)$

2. 设 $f(x)$ 有连续的导函数,且 $a\neq 0,1$,则下列命题正确的是 （   ）
   A. $\int f'(ax)\mathrm{d}x=\dfrac{1}{a}f(ax)+C$ B. $\int f'(ax)\mathrm{d}x=f(ax)+C$
   C. $\left[\int f'(ax)\mathrm{d}x\right]'=af(ax)$ D. $\int f'(ax)\mathrm{d}x=f(x)+C$

3. 若 $y=\arctan \mathrm{e}^x$,则 $\mathrm{d}y=$ （   ）
   A. $\dfrac{1}{1+\mathrm{e}^{2x}}\mathrm{d}x$ B. $\dfrac{\mathrm{e}^x}{1+\mathrm{e}^{2x}}\mathrm{d}x$
   C. $\dfrac{1}{\sqrt{1+\mathrm{e}^{2x}}}\mathrm{d}x$ D. $\dfrac{\mathrm{e}^x}{\sqrt{1+\mathrm{e}^{2x}}}\mathrm{d}x$

4. 在空间坐标系下,下列为平面方程的是 （   ）
   A. $y^2=x$ B. $\begin{cases}x+y+z=0\\ x+2y+z=1\end{cases}$
   C. $\dfrac{x+2}{2}=\dfrac{y+4}{7}=\dfrac{z}{-3}$ D. $3x+4z=0$

5. $I=\int_0^1\dfrac{x^4}{\sqrt{1+x}}\mathrm{d}x$,则 I 的范围是 （   ）
   A. $0\leqslant I\leqslant\dfrac{\sqrt{2}}{2}$ B. $I\geqslant 1$
   C. $I\leqslant 0$ D. $\dfrac{\sqrt{2}}{2}\leqslant I\leqslant 1$

6. 若广义积分 $\int_1^{+\infty}\dfrac{1}{x^p}\mathrm{d}x$ 收敛,则 p 应满足 （   ）
   A. $0<p<1$ B. $p>1$
   C. $p<-1$ D. $p<0$

单选专题三

1. 在下列极限中,正确的是 （　　）

   A. $\lim\limits_{x\to\infty}\dfrac{\sin 2x}{x}=2$　　　　　　B. $\lim\limits_{x\to+\infty}\dfrac{\arctan x}{x}=1$

   C. $\lim\limits_{x\to 2}\dfrac{x^2-4}{x-2}=\infty$　　　　　D. $\lim\limits_{x\to 0^+}x^x=1$

2. $y=\ln(x+\sqrt{1+x^2})$,则下列说法正确的是 （　　）

   A. $dy=\dfrac{1}{x+\sqrt{1+x^2}}dx$　　　B. $y'=\sqrt{1+x^2}dx$

   C. $dy=\dfrac{1}{\sqrt{1+x^2}}dx$　　　　D. $y'=\dfrac{1}{x+\sqrt{1+x^2}}$

3. 与平面 $x+y+z=1$ 垂直的直线方程为 （　　）

   A. $\begin{cases}x+y+z=1\\x+2y+z=0\end{cases}$　　　B. $\dfrac{x+2}{2}=\dfrac{y+4}{1}=\dfrac{z}{-3}$

   C. $2x+2y+2z=5$　　　　　D. $x-1=y-2=z-3$

4. 下列说法正确的是 （　　）

   A. $\sum\limits_{n=1}^{+\infty}\dfrac{1}{n}$ 收敛　　　　　B. $\sum\limits_{n=1}^{+\infty}\dfrac{1}{n^2+n}$ 收敛

   C. $\sum\limits_{n=1}^{+\infty}\dfrac{(-1)^n}{n}$ 绝对收敛　　D. $\sum\limits_{n=1}^{+\infty}n!$ 收敛

5. $y''+y=0$ 满足 $y\big|_{x=0}=0,y'\big|_{x=0}=1$ 的解是 （　　）

   A. $y=C_1\cos x+C_2\sin x$　　　B. $y=\sin x$

   C. $y=\cos x$　　　　　　　　　D. $y=C\cos x$

6. 已知函数 $f(x)=\begin{cases}\dfrac{\sin ax}{x}, & x>0,\\ 2, & x=0,\\ \dfrac{1}{bx}\ln(1-3x), & x<0\end{cases}$ 为连续函数,则 a,b 满足 （　　）

   A. $a=2,b$ 为任意实数　　　B. $a+b=\dfrac{1}{2}$

   C. $a=2,b=-\dfrac{3}{2}$　　　　D. $a=b=1$

单选专题四

1. 函数 $f(x)=\begin{cases} x^3, & x\in[-3,0], \\ -x^3, & x\in(0,2] \end{cases}$ 是　　　　　　　　　　　　　（　）

   A. 有界函数　　　　　　　　　　B. 奇函数
   C. 偶函数　　　　　　　　　　　D. 周期函数

2. 当 $x\to 0$ 时，$x^2-\sin x$ 是关于 x 的　　　　　　　　　　　　　（　）

   A. 高阶无穷小
   B. 同阶但不是等价无穷小
   C. 低阶无穷小
   D. 等价无穷小

3. 直线 L 与 x 轴平行且与曲线 $y=x-e^x$ 相切，则切点的坐标是　　（　）

   A. $(1,1)$　　　　　　　　　　　B. $(-1,1)$
   C. $(0,-1)$　　　　　　　　　　D. $(0,1)$

4. 设圆周 $x^2+y^2=8R^2$ 所围成的面积为 S，则 $\int_0^{2\sqrt{2}R}\sqrt{8R^2-x^2}\,dx$ 的值为（　）

   A. S　　　　　　　　　　　　　B. $\dfrac{1}{4}S$
   C. $\dfrac{1}{2}S$　　　　　　　　　D. $2S$

5. 设 $u(x,y)=\arctan\dfrac{x}{y}$，$v(x,y)=\ln\sqrt{x^2+y^2}$，则下列等式成立的是（　）

   A. $\dfrac{\partial u}{\partial x}=\dfrac{\partial v}{\partial y}$　　　　　　　　B. $\dfrac{\partial u}{\partial x}=\dfrac{\partial v}{\partial x}$
   C. $\dfrac{\partial u}{\partial y}=\dfrac{\partial v}{\partial x}$　　　　　　　　D. $\dfrac{\partial u}{\partial y}=\dfrac{\partial v}{\partial y}$

6. 微分方程 $y''-3y'+2y=xe^{2x}$ 的特解 y^* 的形式应为　　　　　　　（　）

   A. Axe^{2x}　　　　　　　　　　B. $(Ax+B)e^{2x}$
   C. Ax^2e^{2x}　　　　　　　　　D. $x(Ax+B)e^{2x}$

单选专题五

1. $x=0$ 是函数 $f(x)=x\sin\dfrac{1}{x}$ 的 ( )
   A. 可去间断点
   B. 跳跃间断点
   C. 第 Ⅱ 类间断点
   D. 连续点

2. 若 $x=2$ 是函数 $y=x-\ln\left(\dfrac{1}{2}+ax\right)$ 的可导极值点，则常数 a 的值为 ( )
   A. -1
   B. $\dfrac{1}{2}$
   C. $-\dfrac{1}{2}$
   D. 1

3. 若 $\int f(x)\mathrm{d}x=F(x)+C$，则 $\int\sin x f(\cos x)\mathrm{d}x$ 等于 ( )
   A. $F(\sin x)+C$
   B. $-F(\sin x)+C$
   C. $F(\cos x)+C$
   D. $-F(\cos x)+C$

4. $\lim\limits_{x\to 0}(1-kx)^{\frac{1}{x}}$ 等于 ( )
   A. e^k
   B. e^{-k}
   C. 1
   D. ∞

5. 设区域 D 是 xOy 平面上以点 $A(1,1)$，$B(-1,1)$，$C(-1,-1)$ 为顶点的三角形区域，区域 D_1 是 D 在第一象限的部分，则 $\iint\limits_{D}(xy+\cos x\sin y)\mathrm{d}x\mathrm{d}y$ 等于 ( )
   A. $2\iint\limits_{D_1}\cos x\sin y\mathrm{d}x\mathrm{d}y$
   B. $2\iint\limits_{D_1}xy\mathrm{d}x\mathrm{d}y$
   C. $4\iint\limits_{D_1}(xy+\cos x\sin y)\mathrm{d}x\mathrm{d}y$
   D. 0

6. 设有正项级数 (1) $\sum\limits_{n=1}^{\infty}u_n$ 与 (2) $\sum\limits_{n=1}^{\infty}u_n^3$，则下列说法中正确的是 ( )
   A. 若 (1) 发散，则 (2) 必发散
   B. 若 (2) 收敛，则 (1) 必收敛
   C. 若 (1) 发散，则 (2) 可能发散也可能收敛
   D. (1)、(2) 敛散性一致

单选专题六

1. 若 $\lim\limits_{x\to 0}\dfrac{f\left(\frac{x}{2}\right)}{x}=\dfrac{1}{2}$，则 $\lim\limits_{x\to 0}\dfrac{x}{f\left(\frac{x}{3}\right)}$ 等于 （　　）

   A. $\dfrac{1}{2}$　　　　B. 2　　　　C. 3　　　　D. $\dfrac{1}{3}$

2. 函数 $f(x)=\begin{cases}x^2\sin\dfrac{1}{x},&x\neq 0\\ 0,&x=0\end{cases}$ 在 $x=0$ 处 （　　）

   A. 连续但不可导　　　　　　　　B. 连续且可导
   C. 不连续也不可导　　　　　　　D. 可导但不连续

3. 下列函数在 $[-1,1]$ 上满足罗尔定理条件的是 （　　）

   A. $y=e^x$　　　B. $y=1+|x|$　　　C. $y=1-x^2$　　　D. $y=1-\dfrac{1}{x}$

4. 已知 $\int f(x)\mathrm{d}x=e^{2x}+C$，则 $\int f'(-x)\mathrm{d}x$ 等于 （　　）

   A. $2e^{-2x}+C$　　B. $\dfrac{1}{2}e^{-2x}+C$　　C. $-2e^{-2x}+C$　　D. $-\dfrac{1}{2}e^{2x}+C$

5. 设 $\sum\limits_{n=1}^{\infty}u_n$ 为正项级数，以下说法正确的是 （　　）

   A. 如果 $\lim\limits_{n\to\infty}u_n=0$，则 $\sum\limits_{n=1}^{\infty}u_n$ 必定收敛

   B. 如果 $\lim\limits_{n\to\infty}\dfrac{u_{n+1}}{u_n}=l(0\leqslant l<+\infty)$，则 $\sum\limits_{n=1}^{\infty}u_n$ 必定收敛

   C. 如果 $\sum\limits_{n=1}^{\infty}u_n$ 收敛，则 $\sum\limits_{n=1}^{\infty}u_n^2$ 必定也收敛

   D. 如果交错级数 $\sum\limits_{n=1}^{\infty}(-1)^n u_n$ 收敛，则 $\sum\limits_{n=1}^{\infty}u_n$ 必定也收敛

6. 设对一切实数 x 有 $f(-x,y)=-f(x,y)$，$D=\{(x,y)\mid x^2+y^2\leqslant 1,y\geqslant 0\}$，$D_1=\{(x,y)\mid x^2+y^2\leqslant 1,x\geqslant 0,y\geqslant 0\}$，则 $\iint\limits_{D}f(x,y)\mathrm{d}x\mathrm{d}y$ 等于 （　　）

   A. 0　　　　　　　　　　　　　B. $\iint\limits_{D_1}f(x,y)\mathrm{d}x\mathrm{d}y$

   C. $2\iint\limits_{D_1}f(x,y)\mathrm{d}x\mathrm{d}y$　　　　　D. $4\iint\limits_{D_1}f(x,y)\mathrm{d}x\mathrm{d}y$

单选专题七

1. 若 $\lim\limits_{x\to 0}\dfrac{f(2x)}{x}=2$,则 $\lim\limits_{x\to\infty}xf\left(\dfrac{1}{2x}\right)$ 等于 ( )

   A. $\dfrac{1}{4}$ \qquad B. $\dfrac{1}{2}$ \qquad C. 2 \qquad D. 4

2. 已知当 $x\to 0$ 时,$x^2\ln(1+x^2)$ 是 $\sin^n x$ 的高阶无穷小,而 $\sin^n x$ 又是 $1-\cos x$ 的高阶无穷小,则正整数 n 等于 ( )

   A. 1 \qquad B. 2 \qquad C. 3 \qquad D. 4

3. 设函数 $f(x)=x(x-1)(x-2)(x-3)$,则方程 $f'(x)=0$ 的实根个数为 ( )

   A. 1 \qquad B. 2 \qquad C. 3 \qquad D. 4

4. 设函数 $f(x)$ 的一个原函数为 $\sin 2x$,则 $\int f'(2x)\mathrm{d}x$ 等于 ( )

   A. $\cos 4x+C$ \qquad B. $\dfrac{1}{2}\cos 4x+C$ \qquad C. $2\cos 4x+C$ \qquad D. $\sin 4x+C$

5. 设 $f(x)=\int_1^{x^2}\sin t^2\,\mathrm{d}t$,则 $f'(x)$ 等于 ( )

   A. $\sin x^4$ \qquad B. $2x\sin x^2$ \qquad C. $2x\cos x^2$ \qquad D. $2x\sin x^4$

6. 下列级数收敛的是 ( )

   A. $\sum\limits_{n=1}^{\infty}\dfrac{2^n}{n^2}$ \qquad B. $\sum\limits_{n=1}^{\infty}\sqrt{\dfrac{n}{n+1}}$

   C. $\sum\limits_{n=1}^{\infty}\dfrac{1+(-1)^n}{n}$ \qquad D. $\sum\limits_{n=1}^{\infty}\dfrac{(-1)^n}{\sqrt{n}}$

单选专题八

1. 设函数 $f(x)$ 在 $(-\infty,+\infty)$ 上有定义,下列函数中必为奇函数的是 ( )

   A. $y=-|f(x)|$ \qquad B. $y=x^3 f(x^4)$

   C. $y=-f(-x)$ \qquad D. $y=f(x)+f(-x)$

2. 设函数 $f(x)$ 可导,则下列式子中正确的是 ( )

   A. $\lim\limits_{x\to 0}\dfrac{f(0)-f(x)}{x}=-f'(0)$

   B. $\lim\limits_{x\to 0}\dfrac{f(x_0+2x)-f(x_0)}{x}=f'(x_0)$

C. $\lim\limits_{\Delta x \to 0}\dfrac{f(x_0+\Delta x)-f(x_0-\Delta x)}{\Delta x}=f'(x_0)$

D. $\lim\limits_{\Delta x \to 0}\dfrac{f(x_0-\Delta x)-f(x_0+\Delta x)}{\Delta x}=2f'(x_0)$

3. 设函数 $f(x)=\int_{2x}^{1}t^2\sin t\,\mathrm{d}t$，则 $f'(x)$ 等于　　　　　　　　　　　　　　（　　）

　　A. $4x^2\sin 2x$　　　　　　　　　　　B. $8x^2\sin 2x$

　　C. $-4x^2\sin 2x$　　　　　　　　　　D. $-8x^2\sin 2x$

4. 设向量 $\boldsymbol{a}=(1,2,3)$，$\boldsymbol{b}=(3,2,4)$，则 $\boldsymbol{a}\times\boldsymbol{b}$ 等于　　　　　　　　　（　　）

　　A. $(2,5,4)$　　　　　　　　　　　　B. $(2,-5,-4)$

　　C. $(2,5,-4)$　　　　　　　　　　　D. $(-2,-5,4)$

5. 函数 $z=\ln\dfrac{y}{x}$ 在点 $(2,2)$ 处的全微分 $\mathrm{d}z$ 为　　　　　　　　　　　　　（　　）

　　A. $-\dfrac{1}{2}\mathrm{d}x+\dfrac{1}{2}\mathrm{d}y$　　　　　　　B. $\dfrac{1}{2}\mathrm{d}x+\dfrac{1}{2}\mathrm{d}y$

　　C. $\dfrac{1}{2}\mathrm{d}x-\dfrac{1}{2}\mathrm{d}y$　　　　　　　D. $-\dfrac{1}{2}\mathrm{d}x-\dfrac{1}{2}\mathrm{d}y$

6. 微分方程 $y''+3y'+2y=1$ 的通解为　　　　　　　　　　　　　　　　　　（　　）

　　A. $y=C_1\mathrm{e}^{-x}+C_2\mathrm{e}^{-2x}+1$　　　　　B. $y=C_1\mathrm{e}^{-x}+C_2\mathrm{e}^{-2x}+\dfrac{1}{2}$

　　C. $y=C_1\mathrm{e}^{x}+C_2\mathrm{e}^{-2x}+1$　　　　　　D. $y=C_1\mathrm{e}^{x}+C_2\mathrm{e}^{-2x}+\dfrac{1}{2}$

单选专题九

1. 已知 $\lim\limits_{x\to 2}\dfrac{x^2+ax+b}{x-2}=3$，则常数 a,b 的取值分别为　　　　　　　　（　　）

　　A. $a=-1,b=-2$　　　　　　　　　B. $a=-2,b=0$

　　C. $a=-1,b=0$　　　　　　　　　　D. $a=-2,b=-1$

2. 已知函数 $f(x)=\dfrac{x^2-3x+2}{x^2-4}$，则 $x=2$ 为 $f(x)$ 的　　　　　　　　　　　（　　）

　　A. 跳跃间断点　　B. 可去间断点　　C. 无穷间断点　　D. 振荡间断点

3. 设函数 $f(x)=\begin{cases}0, & x\leqslant 0,\\ x^a\sin\dfrac{1}{x}, & x>0\end{cases}$ 在点 $x=0$ 处可导，则常数 a 的取值范围为

（　　）

　　A. $0<a<1$　　　B. $0<a\leqslant 1$　　　C. $a>1$　　　D. $a\geqslant 1$

4. 曲线 $y=\dfrac{2x+1}{(x-1)^2}$ 的渐近线的条数为 ( )

   A. 1   B. 2   C. 3   D. 4

5. 设 $F(x)=\ln(3x+1)$ 是函数 $f(x)$ 的一个原函数,则 $\int f'(2x+1)\mathrm{d}x=$ ( )

   A. $\dfrac{1}{6x+4}+C$ B. $\dfrac{3}{6x+4}+C$ C. $\dfrac{1}{12x+8}+C$ D. $\dfrac{3}{12x+8}+C$

6. 设 a 为非零常数,则数项级数 $\sum\limits_{n=1}^{\infty}\dfrac{n+a}{n^2}$ ( )

   A. 条件收敛   B. 绝对收敛
   C. 发散   D. 敛散性与 a 有关

单选专题十

1. 设当 $x\to 0$ 时,函数 $f(x)=x-\sin x$ 与 $g(x)=ax^n$ 是等价无穷小,则常数 a,n 的值为 ( )

   A. $a=\dfrac{1}{6},n=3$ B. $a=\dfrac{1}{3},n=3$
   C. $a=\dfrac{1}{12},n=4$ D. $a=\dfrac{1}{6},n=4$

2. 曲线 $y=\dfrac{x^2-3x+4}{x^2-5x+6}$ 的渐近线共有 ( )

   A. 1 条   B. 2 条
   C. 3 条   D. 4 条

3. 设函数 $\Phi(x)=\int_{x^2}^{2}\mathrm{e}^t\cos t\,\mathrm{d}t$,则函数 $\Phi(x)$ 的导数 $\Phi'(x)$ 等于 ( )

   A. $2x\mathrm{e}^{x^2}\cos x^2$ B. $-2x\mathrm{e}^{x^2}\cos x^2$
   C. $-2x\mathrm{e}^x\cos x$ D. $-\mathrm{e}^{x^2}\cos x^2$

4. 下列级数收敛的是 ( )

   A. $\sum\limits_{n=1}^{\infty}\dfrac{n}{n+1}$ B. $\sum\limits_{n=1}^{\infty}\dfrac{2n+1}{n^2+n}$
   C. $\sum\limits_{n=1}^{\infty}\dfrac{1+(-1)^n}{\sqrt{n}}$ D. $\sum\limits_{n=1}^{\infty}\dfrac{n^2}{2^n}$

5. 二次积分 $\int_0^1\mathrm{d}y\int_1^{y+1}f(x,y)\mathrm{d}x$ 交换积分次序后得 ( )

   A. $\int_0^1\mathrm{d}x\int_1^{x+1}f(x,y)\mathrm{d}y$ B. $\int_1^2\mathrm{d}x\int_0^{x-1}f(x,y)\mathrm{d}y$

C. $\int_1^2 dx \int_1^{x-1} f(x,y)dy$ D. $\int_1^2 dx \int_{x-1}^1 f(x,y)dy$

6. 设 $f(x)=x^3-3x$，则在区间 $(0,1)$ 内   (　　)
   A. 函数 $f(x)$ 单调递增且其图形是凹的
   B. 函数 $f(x)$ 单调递增且其图形是凸的
   C. 函数 $f(x)$ 单调递减且其图形是凹的
   D. 函数 $f(x)$ 单调递减且其图形是凸的

单选专题十一

1. 当 $x \to 0$ 时，函数 $f(x)=e^x-x-1$ 是函数 $g(x)=x^2$ 的   (　　)
   A. 高阶无穷小   B. 低阶无穷小
   C. 同阶无穷小   D. 等价无穷小

2. 设函数 $f(x)$ 在点 x_0 处可导，且 $\lim\limits_{h \to 0} \dfrac{f(x_0-h)-f(x_0+h)}{h}=4$，则 $f'(x_0)=$
   (　　)
   A. -4 B. -2
   C. 2 D. 4

3. 若点 $(1,-2)$ 是曲线 $y=ax^3-bx^2$ 的拐点，则   (　　)
   A. $a=1, b=3$ B. $a=-3, b=-1$
   C. $a=-1, b=-3$ D. $a=4, b=6$

4. 设 $z=f(x,y)$ 为由方程 $z^3-3yz+3x=8$ 所确定的函数，则 $\dfrac{\partial z}{\partial y}\bigg|_{x=0, y=0}=$ (　　)
   A. $-\dfrac{1}{2}$ B. $\dfrac{1}{2}$
   C. -2 D. 2

5. 如果二重积分 $\iint\limits_D f(x,y)dxdy$ 可化为二次积分 $\int_0^1 dy \int_{y+1}^2 f(x,y)dx$，则积分域 D
   可表示为   (　　)
   A. $\{(x,y) | 0 \leqslant x \leqslant 1, x-1 \leqslant y \leqslant 1\}$
   B. $\{(x,y) | 1 \leqslant x \leqslant 2, x-1 \leqslant y \leqslant 1\}$
   C. $\{(x,y) | 0 \leqslant x \leqslant 1, x-1 \leqslant y \leqslant 0\}$
   D. $\{(x,y) | 1 \leqslant x \leqslant 2, 0 \leqslant y \leqslant x-1\}$

6. 若函数 $f(x)=\dfrac{1}{2+x}$ 的幂级数展开式为 $f(x)=\sum\limits_{n=0}^{\infty}a_nx^n(-2<x<2)$，则系数 a_n 等于 （　　）

　　A. $\dfrac{1}{2^n}$ 　　　　　　　　　　B. $\dfrac{1}{2^{n+1}}$

　　C. $\dfrac{(-1)^n}{2^n}$ 　　　　　　　　D. $\dfrac{(-1)^n}{2^{n+1}}$

单选专题十二

1. 极限 $\lim\limits_{x\to\infty}\left(2x\sin\dfrac{1}{x}+\dfrac{\sin 3x}{x}\right)=$ （　　）

　　A. 0　　　　B. 2　　　　C. 3　　　　D. 5

2. 设 $f(x)=\dfrac{(x-2)\sin x}{|x|(x^2-4)}$，则函数 $f(x)$ 的第 I 类间断点的个数为 （　　）

　　A. 0　　　　B. 1　　　　C. 2　　　　D. 3

3. 设 $f(x)=2x^{\frac{5}{3}}-5x^{\frac{2}{3}}$，则函数 $f(x)$ （　　）

　　A. 只有一个极大值　　　　　　B. 只有一个极小值

　　C. 既有极大值又有极小值　　　D. 没有极值

4. 函数 $z=\ln(2x)+\dfrac{3}{y}$ 在点 $(1,1)$ 处的全微分为 （　　）

　　A. $dx-3dy$　　B. $dx+3dy$　　C. $\dfrac{1}{2}dx+3dy$　　D. $\dfrac{1}{2}dx-3dy$

5. 设 D 是由圆 $x^2+y^2=2y$ 围成的平面闭区域，则二重积分 $\iint\limits_D f(x^2+y^2)d\sigma$ 在极坐标系下可化为 （　　）

　　A. $\int_0^{\pi}d\theta\int_0^{2\sin\theta}f(\rho^2)d\rho$　　　　B. $\int_0^{\pi}d\theta\int_0^{2\sin\theta}f(\rho^2)\rho d\rho$

　　C. $\int_0^{2\pi}d\theta\int_0^{2\sin\theta}f(\rho^2)d\rho$　　　D. $\int_0^{2\pi}d\theta\int_0^{2\sin\theta}f(\rho^2)\rho d\rho$

6. 下列级数中收敛的是 （　　）

　　A. $\sum\limits_{n=1}^{\infty}\sqrt{\dfrac{n}{n+1}}$　　　　　　B. $\sum\limits_{n=1}^{\infty}\dfrac{1+(-1)^n}{\sqrt{n}}$

　　C. $\sum\limits_{n=1}^{\infty}\dfrac{2^n}{(n+1)^2}$　　　　　D. $\sum\limits_{n=1}^{\infty}\dfrac{n+1}{n^3+1}$

单选专题十三

1. 当 $x \to 0$ 时，函数 $f(x) = \ln(1+x) - x$ 是函数 $g(x) = x^2$ 的　　　　　　　　（　）
   A. 高阶无穷小　　　　　　　　　　B. 低阶无穷小
   C. 同阶无穷小　　　　　　　　　　D. 等价无穷小

2. 曲线 $y = \dfrac{2x^2+x}{x^2-3x+2}$ 的渐近线共有　　　　　　　　　　　　　　（　）
   A. 1 条　　　B. 2 条　　　C. 3 条　　　D. 4 条

3. 设 $f(x) = \begin{cases} \dfrac{\sin 2x}{x}, & x<0, \\ \dfrac{x}{\sqrt{1+x}-1}, & x>0, \end{cases}$ 则点 $x=0$ 是函数 $f(x)$ 的　　（　）
   A. 跳跃间断点　　B. 可去间断点　　C. 无穷间断点　　D. 连续点

4. 设 $y = f(x^2)$，其中 f 具有二阶导数，则 $\dfrac{d^2 y}{dx^2} = $　　　　　　　（　）
   A. $2xf''(x^2) + 2f'(x^2)$　　　　　　B. $4x^2 f''(x^2) + 2f'(x^2)$
   C. $4xf''(x^2) + 2f'(x^2)$　　　　　　D. $4x^2 f''(x^2)$

5. 下列级数中收敛的是　　　　　　　　　　　　　　　　　　　　　　　　（　）
   A. $\sum\limits_{n=1}^{\infty} \dfrac{n+1}{n^2}$　　B. $\sum\limits_{n=1}^{\infty} \left(\dfrac{n}{n+1}\right)^n$　　C. $\sum\limits_{n=1}^{\infty} \dfrac{n!}{2^n}$　　D. $\sum\limits_{n=1}^{\infty} \dfrac{\sqrt{n}}{3^n}$

6. 已知函数 $f(x)$ 在点 $x=1$ 处连续，且 $\lim\limits_{x \to 1} \dfrac{f(x)}{x^2-1} = \dfrac{1}{2}$，则曲线 $y=f(x)$ 在点 $(1, f(1))$ 处的切线方程为　　　　　　　　　　　　　　　　　　　　　　　　　（　）
   A. $y = x-1$　　　　　　　　　　B. $y = 2x-2$
   C. $y = 3x-3$　　　　　　　　　　D. $y = 4x-4$

单选专题十四

1. 若 $x=1$ 是函数 $f(x) = \dfrac{x^2-4x+a}{x^2-3x+2}$ 的可去间断点，则常数 $a=$　　　　（　）
   A. 1　　　B. 2　　　C. 3　　　D. 4

2. 曲线 $y = x^4 - 2x^3$ 的凸区间为　　　　　　　　　　　　　　　　　　　（　）
   A. $(-\infty, 0], [1, +\infty)$　　　　　　B. $[0, 1]$

C. $\left(-\infty, \dfrac{3}{2}\right]$ D. $\left[\dfrac{3}{2}, +\infty\right)$

3. 若函数 $f(x)$ 的一个原函数为 $x\sin x$，则 $\int f''(x)\mathrm{d}x =$ （ ）

   A. $x\sin x + C$
   B. $2\cos x - x\sin x + C$
   C. $\sin x - x\cos x + C$
   D. $\sin x + x\cos x + C$

4. 已知函数 $z = z(x, y)$ 由方程 $z^3 - 3xyz + x^3 - 2 = 0$ 所确定，则 $\dfrac{\partial z}{\partial x}\bigg|_{\substack{x=1\\y=0}} =$ （ ）

   A. -1 B. 0 C. 1 D. 2

5. 二次积分 $\int_1^2 \mathrm{d}x \int_0^{2-x} f(x,y)\mathrm{d}y$ 交换积分次序后得 （ ）

   A. $\int_1^2 \mathrm{d}y \int_0^{2-y} f(x,y)\mathrm{d}x$
   B. $\int_0^1 \mathrm{d}y \int_0^{2-y} f(x,y)\mathrm{d}x$
   C. $\int_0^1 \mathrm{d}y \int_{2-y}^2 f(x,y)\mathrm{d}x$
   D. $\int_0^1 \mathrm{d}y \int_1^{2-y} f(x,y)\mathrm{d}x$

6. 下列级数发散的是 （ ）

   A. $\sum\limits_{n=1}^{\infty} \dfrac{(-1)^n}{\sqrt{n}}$
   B. $\sum\limits_{n=1}^{\infty} \dfrac{\sin n}{n^2}$
   C. $\sum\limits_{n=1}^{\infty} \left(\dfrac{1}{2^n} + \dfrac{1}{n^2}\right)$
   D. $\sum\limits_{n=1}^{\infty} \dfrac{2^n}{n^2}$

单选专题十五

1. 当 $x \to 0$ 时，函数 $f(x) = 1 - e^{\sin x}$ 是函数 $g(x) = x$ 的 （ ）

   A. 高阶无穷小
   B. 低阶无穷小
   C. 同阶无穷小
   D. 等价无穷小

2. 函数 $y = (1-x)^x (x<1)$ 的微分 $\mathrm{d}y$ 为 （ ）

   A. $(1-x)^x \left[\ln(1-x) + \dfrac{x}{1-x}\right]\mathrm{d}x$
   B. $(1-x)^x \left[\ln(1-x) - \dfrac{x}{1-x}\right]\mathrm{d}x$
   C. $x(1-x)^{x-1}\mathrm{d}x$
   D. $-x(1-x)^{x-1}\mathrm{d}x$

3. $x = 0$ 是函数 $f(x) = \begin{cases} \dfrac{e^{\frac{1}{x}} + 1}{e^{\frac{1}{x}} - 1}, & x \neq 0, \\ 1, & x = 0 \end{cases}$ 的 （ ）

   A. 无穷间断点
   B. 跳跃间断点
   C. 可去间断点
   D. 连续点

4. 设 $F(x)$ 是函数 $f(x)$ 的一个原函数，则 $\int f(3-2x)\mathrm{d}x =$ （　　）

   A. $-\dfrac{1}{2}F(3-2x)+C$ 　　　B. $\dfrac{1}{2}F(3-2x)+C$

   C. $-2F(3-2x)+C$ 　　　D. $2F(3-2x)+C$

5. 下列级数条件收敛的是 （　　）

   A. $\sum\limits_{n=1}^{\infty}\dfrac{(-1)^n-n}{n^2}$ 　　　B. $\sum\limits_{n=1}^{\infty}(-1)^n\dfrac{n+1}{2n-1}$

   C. $\sum\limits_{n=1}^{\infty}(-1)^n\dfrac{n!}{n^n}$ 　　　D. $\sum\limits_{n=1}^{\infty}(-1)^n\dfrac{n+1}{n^2}$

6. 二次积分 $\int_1^e \mathrm{d}y \int_{\ln y}^1 f(x,y)\mathrm{d}x =$ （　　）

   A. $\int_1^e \mathrm{d}x \int_{\ln x}^1 f(x,y)\mathrm{d}y$ 　　　B. $\int_0^1 \mathrm{d}x \int_{e^x}^1 f(x,y)\mathrm{d}y$

   C. $\int_0^1 \mathrm{d}x \int_0^{e^x} f(x,y)\mathrm{d}y$ 　　　D. $\int_0^1 \mathrm{d}x \int_1^{e^x} f(x,y)\mathrm{d}y$

二、填空题专项练习

填空专题一

1. 设参数方程为 $\begin{cases} x=te^t, \\ y=2t+t^2, \end{cases}$ 则 $\left.\dfrac{dy}{dx}\right|_{t=0}=$ _____.

2. 微分方程 $y''-6y'+13y=0$ 的通解为 _____.

3. 交换积分次序后 $\int_0^2 dx \int_x^{2x} f(x,y)dy=$ _____.

4. 函数 $z=x^y$ 的全微分 $dz=\dfrac{\partial z}{\partial x}dx+\dfrac{\partial z}{\partial y}dy=$ _____.

5. 设 $f(x)$ 为连续函数,则 $\int_{-2}^{2}[f(x)+f(-x)+x]x^3 dx=$ _____.

填空专题二

1. 设函数 $y=y(x)$ 由方程 $e^x-e^y=\sin(xy)$ 确定,则 $y'|_{x=0}=$ _____.

2. 函数 $f(x)=\dfrac{x}{e^x}$ 的单调递增区间为 _____.

3. $\int_{-1}^{1}\dfrac{x\tan^2 x}{1+x^2}dx=$ _____.

4. 设 $y(x)$ 满足微分方程 $e^x yy'=1$,且 $y(0)=1$,则 $y=$ _____.

5. 交换积分次序 $\int_0^1 dy \int_{e^y}^{e} f(x,y)dx=$ _____.

填空专题三

1. $y=y(x)$ 由 $\ln(x+y)=e^{xy}$ 确定,则 $y'|_{x=0}=$ _____.

2. 函数 $y=x^3-3x^2+x+9$ 的凹区间为_____.

3. $\int_{-1}^{1} x^2(\sqrt[3]{x}+\sin x)\,\mathrm{d}x =$ _____.

4. 交换二次积分的次序 $\int_0^1 \mathrm{d}y \int_0^{2y} f(x,y)\,\mathrm{d}x + \int_1^3 \mathrm{d}y \int_0^{3-y} f(x,y)\,\mathrm{d}x =$ _____.

填空专题四

1. 设 $f(x)=\left(\dfrac{2+x}{3+x}\right)^x$，则 $\lim\limits_{x\to\infty} f(x) =$ _____.

2. 过点 $M(1,0,-2)$ 且垂直于平面 $4x+2y-3z=\sqrt{2}$ 的直线方程为_____.

3. 设 $f(x)=x(x+1)(x+2)\cdots(x+n)$，$n\in \mathbf{N}$，则 $f'(0)=$ _____.

4. 不定积分 $\int \dfrac{\arcsin^3 x}{\sqrt{1-x^2}}\,\mathrm{d}x =$ _____.

5. 交换二次积分次序：$\int_0^1 \mathrm{d}x \int_{x^2}^{2-x} f(x,y)\,\mathrm{d}y =$ _____.

6. 幂级数 $\sum\limits_{n=1}^{\infty} \dfrac{(x-1)^n}{2^n}$ 的收敛区间为_____.

填空专题五

1. $\lim\limits_{x\to 0}\dfrac{\mathrm{e}^x-\mathrm{e}^{-x}-2x}{x-\sin x} =$ _____.

2. 对函数 $f(x)=\ln x$ 在闭区间 $[1,\mathrm{e}]$ 上应用拉格朗日中值定理，求得的点 $\xi=$ _____.

3. $\int_{-1}^{1} \dfrac{\pi x+1}{1+x^2}\,\mathrm{d}x =$ _____.

4. 设向量 $\boldsymbol{a}=(3,4,-2)$，$\boldsymbol{b}=(2,1,k)$，若 $\boldsymbol{a}$ 与 $\boldsymbol{b}$ 垂直，则 $k=$ _____.

5. 交换二次积分的次序：$\int_{-1}^{0} \mathrm{d}x \int_{x+1}^{\sqrt{1-x^2}} f(x,y)\,\mathrm{d}y =$ _____.

6. 幂级数 $\sum\limits_{n=1}^{\infty}(2n-1)x^n$ 的收敛域为_____.

填空专题六

1. 已知 $x \to 0$ 时,$a(1-\cos x)$ 与 $x\sin x$ 是等价无穷小,则 $a=$ _____.

2. 若 $\lim\limits_{x \to x_0} f(x) = A$,且 $f(x)$ 在 $x=x_0$ 处有定义,则当 $A=$ _____ 时,$f(x)$ 在 x_0 处连续.

3. 设 $f(x)$ 在 $[0,1]$ 上有连续的导函数且 $f(1)=2$,$\int_0^1 f(x)\mathrm{d}x = 3$,则 $\int_0^1 xf'(x)\mathrm{d}x =$ _____.

4. 设 $|\boldsymbol{a}|=1$,$\boldsymbol{a} \perp \boldsymbol{b}$,则 $\boldsymbol{a} \cdot (\boldsymbol{a}+\boldsymbol{b}) =$ _____.

5. 设 $u = \mathrm{e}^{xy}\sin x$,则 $\dfrac{\partial u}{\partial x} =$ _____.

6. 计算:$\iint\limits_{D} \mathrm{d}x\mathrm{d}y =$ _____,其中 D 为以点 $O(0,0)$,$A(1,0)$,$B(0,2)$ 为顶点的三角形区域.

填空专题七

1. 设函数 $f(x) = \begin{cases} (1+kx)^{\frac{1}{x}}, & x \neq 0, \\ 2, & x=0 \end{cases}$ 在点 $x=0$ 处连续,则常数 $k=$ _____.

2. 若直线 $y=5x+m$ 是曲线 $y=x^2+3x+2$ 的一条切线,则常数 $m=$ _____.

3. 定积分 $\int_{-2}^{2} \sqrt{4-x^2}(1+x\cos^3 x)\mathrm{d}x$ 的值为 _____.

4. 已知 $\boldsymbol{a},\boldsymbol{b}$ 均为单位向量,且 $\boldsymbol{a} \cdot \boldsymbol{b} = \dfrac{1}{2}$,则以向量 $\boldsymbol{a},\boldsymbol{b}$ 为邻边的平行四边形的面积为 _____.

5. 设 $z = \dfrac{x}{y}$,则全微分 $\mathrm{d}z =$ _____.

6. 设 $y = C_1\mathrm{e}^{2x} + C_2\mathrm{e}^{3x}$ 为某二阶常系数齐次线性微分方程的通解,则该微分方程为 _____.

· 17 ·

填空专题八

1. 设函数 $f(x)=\dfrac{x^2-1}{|x|(x-1)}$，则其第 I 类间断点为_____。

2. 设函数 $f(x)=\begin{cases} a+x, & x\geqslant 0, \\ \dfrac{\tan 3x}{x}, & x<0 \end{cases}$ 在点 $x=0$ 处连续，则 $a=$_____。

3. 已知曲线 $y=2x^3-3x^2+4x+5$，则其拐点为_____。

4. 设函数 $f(x)$ 的导数为 $\cos x$，且 $f(0)=\dfrac{1}{2}$，则不定积分 $\int f(x)\,\mathrm{d}x=$_____。

5. 定积分 $\displaystyle\int_{-1}^{1}\dfrac{2+\sin x}{1+x^2}\mathrm{d}x$ 的值为_____。

6. 幂级数 $\displaystyle\sum_{n=1}^{\infty}\dfrac{x^n}{n\times 2^n}$ 的收敛域为_____。

填空专题九

1. 已知 $\displaystyle\lim_{x\to\infty}\left(\dfrac{x}{x-C}\right)^x=2$，则常数 $C=$_____。

2. 设函数 $\varphi(x)=\displaystyle\int_0^{2x}te^t\mathrm{d}t$，则 $\varphi'(x)=$_____。

3. 已知向量 $\boldsymbol{a}=(1,0,-1)$，$\boldsymbol{b}=(1,-2,1)$，则 $\boldsymbol{a}+\boldsymbol{b}$ 与 $\boldsymbol{a}$ 的夹角为_____。

4. 设函数 $z=z(x,y)$ 由方程 $xz^2+yz=1$ 所确定，则 $\dfrac{\partial z}{\partial x}=$_____。

5. 若幂级数 $\displaystyle\sum_{n=1}^{\infty}\dfrac{a^n}{n^2}x^n\,(a>0)$ 的收敛半径为 $\dfrac{1}{2}$，则常数 $a=$_____。

6. 微分方程 $(1+x^2)y\mathrm{d}x-(2-y)x\mathrm{d}y=0$ 的通解为_____。

填空专题十

1. $\displaystyle\lim_{x\to\infty}\left(\dfrac{x+1}{x-1}\right)^x=$_____。

2. 若 $f'(0)=1$, 则 $\lim\limits_{x\to 0}\dfrac{f(x)-f(-x)}{x}=$ _____.

3. 定积分 $\int_{-1}^{1}\dfrac{x^3+1}{x^2+1}\mathrm{d}x$ 的值为 _____.

4. 设 $\boldsymbol{a}=(1,2,3)$, $\boldsymbol{b}=(2,5,k)$, 若 $\boldsymbol{a}$ 与 $\boldsymbol{b}$ 垂直, 则常数 $k=$ _____.

5. 设函数 $z=\ln\sqrt{x^2+4y}$, 则 $\mathrm{d}z\big|_{x=1,y=0}=$ _____.

6. 幂级数 $\sum\limits_{n=1}^{\infty}\dfrac{(-1)^n}{n}x^n$ 的收敛域为 _____.

填空专题十一

1. 已知 $\lim\limits_{x\to\infty}\left(\dfrac{x-2}{x}\right)^{kx}=\mathrm{e}^2$, 则 $k=$ _____.

2. 设函数 $\Phi(x)=\int_{0}^{x^2}\ln(1+t)\mathrm{d}t$, 则 $\Phi'(1)=$ _____.

3. 若 $|\boldsymbol{a}|=1$, $|\boldsymbol{b}|=4$, $\boldsymbol{a}\cdot\boldsymbol{b}=2$, 则 $|\boldsymbol{a}\times\boldsymbol{b}|=$ _____.

4. 设函数 $y=\arctan\sqrt{x}$, 则 $\mathrm{d}y\big|_{x=1}=$ _____.

5. 定积分 $\int_{-\frac{\pi}{2}}^{\frac{\pi}{2}}(x^3+1)\sin^2 x\,\mathrm{d}x$ 的值为 _____.

6. 幂级数 $\sum\limits_{n=0}^{\infty}\dfrac{x^n}{\sqrt{n+1}}$ 的收敛域为 _____.

填空专题十二

1. 要使函数 $f(x)=(1-2x)^{\frac{2}{x}}$ 在点 $x=0$ 处连续, 则应补充定义 $f(0)=$ _____.

2. 设函数 $y=x(x^3+2x+1)^2+\mathrm{e}^{2x}$, 则 $y^{(7)}(0)=$ _____.

3. 设 $y=x^x\,(x>0)$, 则函数 y 的微分 $\mathrm{d}y=$ _____.

4. 设向量 $\boldsymbol{a},\boldsymbol{b}$ 互相垂直, 且 $|\boldsymbol{a}|=3$, $|\boldsymbol{b}|=2$, 则 $|\boldsymbol{a}+2\boldsymbol{b}|=$ _____.

5. 设反常积分 $\int_{a}^{+\infty}\mathrm{e}^{-x}\mathrm{d}x=\dfrac{1}{2}$, 则常数 $a=$ _____.

6. 幂级数 $\sum_{n=1}^{\infty} \dfrac{(-1)^n}{n \cdot 3^n}(x-3)^n$ 的收敛域为_____.

填空专题十三

1. 设 $f(x)=\begin{cases} x\sin\dfrac{1}{x}, & x\neq 0, \\ a, & x=0 \end{cases}$ 在点 $x=0$ 处连续，则常数 $a=$ _____.

2. 已知空间三点 $A(1,1,1)$，$B(2,3,4)$，$C(3,4,5)$，则 $\triangle ABC$ 的面积为_____.

3. 设函数 $y=y(x)$ 由参数方程 $\begin{cases} x=t^2+1, \\ y=t^3-1 \end{cases}$ 所确定，则 $\dfrac{dy}{dx}\Big|_{t=1}=$ _____.

4. 设 $\lim\limits_{x\to 0}\left(\dfrac{a+x}{a-x}\right)^{\frac{1}{x}}=e$，则常数 $a=$ _____.

5. 微分方程 $\dfrac{dy}{dx}=\dfrac{x+y}{x}$ 的通解为_____.

6. 幂级数 $\sum_{n=1}^{\infty}\dfrac{2^n}{\sqrt{n}}x^n$ 的收敛域为_____.

填空专题十四

1. 曲线 $y=\left(1-\dfrac{2}{x}\right)^x$ 的水平渐近线的方程为_____.

2. 设函数 $f(x)=ax^3-9x^2+12x$ 在 $x=2$ 处取得极小值，则 $f(x)$ 的极大值为_____.

3. 定积分 $\int_{-1}^{1}(x^3+1)\sqrt{1-x^2}\,dx$ 的值为_____.

4. 函数 $z=\arctan\dfrac{y}{x}$ 的全微分 $dz=$ _____.

5. 设向量 $\boldsymbol{a}=(1,2,1)$，$\boldsymbol{b}=(1,0,-1)$，则向量 $\boldsymbol{a}+\boldsymbol{b}$ 与 $\boldsymbol{a}-\boldsymbol{b}$ 的夹角为_____.

6. 幂级数 $\sum_{n=1}^{\infty}\dfrac{(x-1)^n}{\sqrt{n}}$ 的收敛域为_____.

填空专题十五

1. 设 $f(x)=\lim\limits_{n\to\infty}\left(1-\dfrac{x}{n}\right)^n$，则 $f(\ln 2)=$ _____．

2. 曲线 $\begin{cases} x=t^3-2t+1 \\ y=t^3+1 \end{cases}$ 在点 $(0,2)$ 处的切线方程为 _____．

3. 设向量 $\boldsymbol{b}$ 与向量 $\boldsymbol{a}=(1,-2,-1)$ 平行，且 $\boldsymbol{a}\cdot\boldsymbol{b}=12$，则 $\boldsymbol{b}=$ _____．

4. 设 $f(x)=\dfrac{1}{2x+1}$，则 $f^{(n)}(x)=$ _____．

5. 微分方程 $xy'-y=x^2$ 满足初始条件 $y|_{x=1}=2$ 的特解为 _____．

6. 幂级数 $\sum\limits_{n=1}^{\infty}\dfrac{2^n}{\sqrt{n}}(x-1)^n$ 的收敛域为 _____．

三、计算题专项练习

计算专题一

1. 已知 $y=\arctan\sqrt{x}+\ln(1+2^x)+\cos\dfrac{\pi}{5}$,求 dy.

2. 计算 $\lim\limits_{x\to 0}\dfrac{x-\int_0^x e^{t^2}dt}{x^2\sin x}$.

3. 求函数 $f(x)=\dfrac{(x-1)\sin x}{|x|(x^2-1)}$ 的间断点，并指出其类型．

4. 已知 $y^2=x+\dfrac{\ln y}{x}$，求 $\left.\dfrac{\mathrm{d}y}{\mathrm{d}x}\right|_{x=1,y=1}$．

5. 计算 $\int \dfrac{e^{2x}}{1+e^x}dx$.

6. $\int_{-\infty}^{0} \dfrac{k}{1+x^2}dx = \dfrac{1}{2}$,求常数 k.

7. 求微分方程 $y'-y\tan x=\sec x$ 满足初始条件 $y\big|_{x=0}=0$ 的特解.

8. 计算二重积分 $\iint\limits_{D}\sin y^2\mathrm{d}x\mathrm{d}y$,其中 D 是由直线 $x=1,y=2$ 及 $y=x-1$ 所围的区域.

9. 已知曲线 $y=f(x)$ 经过原点,并且在原点的切线平行于直线 $2x+y-3=0$,若 $f'(x)=3ax^2+b$,且 $f(x)$ 在 $x=1$ 处取得极值,试确定 a,b 的值,并求出函数 $y=f(x)$ 的表达式.

10. 设 $z=f\left(x^2,\dfrac{x}{y}\right)$,其中 f 具有二阶连续偏导数,求 $\dfrac{\partial z}{\partial x},\dfrac{\partial^2 z}{\partial x\partial y}$.

计算专题二

1. 求极限 $\lim\limits_{x\to 0}\dfrac{x^2\tan x}{\int_0^x t(t+\sin t)\,\mathrm{d}t}$.

2. 已知 $\begin{cases} x=a(\cos t+t\sin t), \\ y=a(\sin t-t\cos t), \end{cases}$ 求 $\left.\dfrac{\mathrm{d}y}{\mathrm{d}x}\right|_{t=\frac{\pi}{4}}$.

3. 已知 $z=\ln(x+\sqrt{x^2+y^2})$，求 $\dfrac{\partial z}{\partial x}$，$\dfrac{\partial^2 z}{\partial x \partial y}$.

4. 设 $f(x)=\begin{cases}\dfrac{1}{1+x}, & x\geqslant 0, \\ \dfrac{1}{1+e^x}, & x<0,\end{cases}$ 求 $\int_0^2 f(x-1)\mathrm{d}x$.

5. 计算 $\int_0^{\frac{\sqrt{2}}{2}} dx \int_0^x \sqrt{x^2+y^2} dy + \int_{\frac{\sqrt{2}}{2}}^1 dx \int_0^{\sqrt{1-x^2}} \sqrt{x^2+y^2} dy.$

6. 求 $y' - (\cos x)y = e^{\sin x}$ 满足 $y(0) = 1$ 的解.

7. 求积分 $\int \dfrac{x\arcsin x^2}{\sqrt{1-x^4}}\mathrm{d}x$.

8. 设 $f(x)=\begin{cases}(1+x)^{\frac{1}{x}}, & x\neq 0, \\ k, & x=0,\end{cases}$ 且 $f(x)$ 在 $x=0$ 处连续. 求：

(1) k 的值；

(2) $f'(x)$.

计算专题三

1. 求 $\lim\limits_{x\to 0}(1+x^2)^{\frac{1}{1-\cos x}}$.

2. 求 $z=\tan\dfrac{x}{y}$ 的全微分.

3. 求不定积分 $\int x\ln x\,\mathrm{d}x$.

4. 求 $\displaystyle\int_{-\frac{\pi}{2}}^{\frac{\pi}{2}} \frac{|\sin\theta|}{1+\cos^2\theta}\mathrm{d}\theta$.

5. 求微分方程 $xy'-y=x^2e^x$ 的通解.

6. 已知 $\begin{cases} y=e^t\sin t, \\ y=e^t\cos t, \end{cases}$ 求 $\dfrac{d^2y}{dx^2}$.

7. 已知 $f(x)=\dfrac{\sin(x-1)}{|x-1|}$,求其间断点并判断类型.

8. 求二重积分 $\iint\limits_{D}(1-\sqrt{x^2+y^2})\mathrm{d}x\mathrm{d}y$,其中 D 为第一象限内圆 $x^2+y^2=2x$ 及 $y=0$ 所围成的平面区域.

计算专题四

1. 求函数 $f(x)=\dfrac{x}{\sin x}$ 的间断点,并指出其类型.

2. 求极限 $\lim\limits_{x\to 0}\dfrac{\int_0^x(\tan t-\sin t)\mathrm{d}t}{(\mathrm{e}^{x^2}-1)\ln(1+3x^2)}$.

3. 设函数 $y=y(x)$ 由方程 $y-xe^y=1$ 所确定，求 $\dfrac{d^2y}{dx^2}\bigg|_{x=0}$ 的值.

4. 设 $f(x)$ 的一个原函数为 $\dfrac{e^x}{x}$，计算 $\displaystyle\int xf'(2x)dx$.

5. 计算广义积分 $\int_2^{+\infty} \dfrac{\mathrm{d}x}{x\sqrt{x-1}}$.

6. 设 $z=f(x-y,xy)$，且 $f(x,y)$ 具有二阶连续偏导数，求 $\dfrac{\partial z}{\partial x}$，$\dfrac{\partial^2 z}{\partial x \partial y}$.

7. 计算二重积分 $\iint\limits_{D} \dfrac{\sin y}{y} dxdy$，其中 D 由曲线 $y=x$ 及 $y^2=x$ 所围成.

8. 把函数 $f(x)=\dfrac{1}{x+2}$ 展开为 $x-2$ 的幂级数，并写出它的收敛区间.

计算专题五

1. 设函数 $F(x)=\begin{cases}\dfrac{f(x)+2\sin x}{x}, & x\neq 0,\\ a, & x=0\end{cases}$ 在 $x=0$ 处连续，其中 $f(0)=0$, $f'(0)=6$,求 a.

2. 设函数 $y=y(x)$ 由参数方程 $\begin{cases}x=\cos t,\\ y=\sin t-t\cos t\end{cases}$ 所确定,求 $\dfrac{dy}{dx}$, $\dfrac{d^2y}{dx^2}$.

3. 计算 $\int \tan^3 x \sec x \, dx$.

4. 计算 $\int_0^1 \arctan x \, dx$.

5. 已知函数 $z=f(\sin x, y^2)$，其中 $f(u,v)$ 具有二阶连续偏导数，求 $\dfrac{\partial z}{\partial x}, \dfrac{\partial^2 z}{\partial x \partial y}$.

6. 求过点 $A(3,1,-2)$，且通过直线 $\dfrac{x-4}{5}=\dfrac{y+3}{2}=\dfrac{z}{1}$ 的平面方程.

7. 将函数 $f(x)=\dfrac{x^2}{2-x-x^2}$ 展开为 x 的幂级数,并指出收敛区间.

8. 求方程 $xy'+y-e^x=0$ 满足初始条件 $y|_{x=1}=e$ 的特解.

计算专题六

1. 计算 $\lim\limits_{x\to 1}\dfrac{\sqrt[3]{x}-1}{\sqrt{x}-1}$.

2. 设函数 $y=f(x)$ 由参数方程 $\begin{cases} x=\ln(1+t^2), \\ y=t-\arctan t \end{cases}$ 确定，求 $\dfrac{dy}{dx}, \dfrac{d^2y}{dx^2}$.

3. 计算 $\int \dfrac{\sqrt{1+\ln x}}{x}dx$.

4. 计算 $\int_0^{\frac{\pi}{2}} x^2 \cos x\, dx$.

5. 求微分方程 $x^2y'=xy-y^2$ 的通解.

6. 将函数 $f(x)=x\ln(1+x)$ 展开为 x 的幂级数(要求指出收敛区间).

7. 求过点 $M(3,1,-2)$ 且与两平面 $x-y+z-7=0, 4x-3y+z-6=0$ 都平行的直线方程.

8. 设 $z=xf(x^2,xy)$，其中 $f(u,v)$ 的二阶偏导数存在，求 $\dfrac{\partial z}{\partial y}, \dfrac{\partial^2 z}{\partial y \partial x}$.

计算专题七

1. 求极限 $\lim\limits_{x\to 0}\dfrac{e^x-x-1}{x\tan x}$.

2. 设函数 $y=y(x)$ 由方程 $e^x-e^y=xy$ 确定，求 $\dfrac{dy}{dx}\bigg|_{x=0}$，$\dfrac{d^2y}{dx^2}\bigg|_{x=0}$.

3. 求不定积分 $\int x^2 e^{-x} dx$.

4. 计算定积分 $\int_{\frac{\sqrt{2}}{2}}^{1} \frac{\sqrt{1-x^2}}{x^2} dx$.

5. 设 $z=f(2x+3y,xy)$,其中 f 具有二阶连续偏导数,求 $\dfrac{\partial^2 z}{\partial x \partial y}$.

6. 求微分方程 $xy'-y=2\,007x^2$ 满足初始条件 $y|_{x=1}=2\,008$ 的特解.

7. 求过点 $(1,2,3)$ 且垂直于直线 $\begin{cases} x+y+z+2=0, \\ 2x-y+z+1=0 \end{cases}$ 的平面方程.

8. 计算二重积分 $\iint\limits_{D} \sqrt{x^2+y^2}\,\mathrm{d}x\mathrm{d}y$, 其中 $D=\{(x,y)\,|\,x^2+y^2\leqslant 2x, y\geqslant 0\}$.

计算专题八

1. 求极限 $\lim\limits_{x\to\infty}\left(\dfrac{x-2}{x}\right)^{3x}$.

2. 设函数 $y=y(x)$ 由参数方程 $\begin{cases} x=t-\sin t, \\ y=1-\cos t, \end{cases} t\neq 2n\pi, n\in \mathbf{Z}$ 所确定，求 $\dfrac{dy}{dx}$，$\dfrac{d^2 y}{dx^2}$.

3. 求不定积分 $\int \dfrac{x^3}{x+1}\mathrm{d}x$.

4. 求定积分 $\int_0^1 e^{\sqrt{x}}\mathrm{d}x$.

5. 设平面 π 经过点 $A(2,0,0),B(0,3,0),C(0,0,5)$,求经过点 $P(1,2,1)$ 且与平面 π 垂直的直线方程.

6. 设函数 $z=f\left(x+y,\dfrac{y}{x}\right)$,其中 $f(x,y)$ 具有二阶连续偏导数,求 $\dfrac{\partial^2 z}{\partial x \partial y}$.

7. 计算二重积分 $\iint\limits_{D} x^2 \mathrm{d}x\mathrm{d}y$,其中 D 是由曲线 $y=\dfrac{1}{x}$,直线 $y=x, x=2$ 及 $y=0$ 所围成的平面区域.

8. 求微分方程 $xy'=2y+x^2$ 的通解.

计算专题九

1. 求极限 $\lim\limits_{x\to 0}\dfrac{x^3}{x-\sin x}$.

2. 设函数 $y=y(x)$ 由参数方程 $\begin{cases} x=\ln(1+t), \\ y=t^2+2t-3 \end{cases}$ 所确定，求 $\dfrac{dy}{dx}, \dfrac{d^2y}{dx^2}$.

3. 求不定积分 $\int \sin\sqrt{2x+1}\,\mathrm{d}x$.

4. 求定积分 $\int_0^1 \dfrac{x^2}{\sqrt{2-x^2}}\,\mathrm{d}x$.

5. 求通过直线 $\dfrac{x}{3}=\dfrac{y-1}{2}=\dfrac{z-2}{1}$ 且垂直于平面 $x+y+z+2=0$ 的平面方程.

6. 计算二重积分 $\iint\limits_{D} y\,\mathrm{d}\sigma$，其中 $D=\{(x,y)\mid 0\leqslant x\leqslant 2, x\leqslant y\leqslant 2, x^2+y^2\geqslant 2\}$.

7. 设函数 $z=f(\sin x, xy)$，其中 f 具有二阶连续偏导数，求 $\dfrac{\partial^2 z}{\partial x \partial y}$.

8. 求微分方程 $y'' - y' = x$ 的通解.

计算专题十

1. 求极限 $\lim\limits_{x\to 0}\left(\dfrac{1}{x\tan x}-\dfrac{1}{x^2}\right)$.

2. 设函数 $y=y(x)$ 由方程 $y+e^{x+y}=2x$ 所确定,求 $\dfrac{dy}{dx},\dfrac{d^2y}{dx^2}$.

3. 求不定积分 $\int x\arctan x\,dx$.

4. 计算定积分 $\int_0^4 \dfrac{x+3}{\sqrt{2x+1}}\,dx$.

5. 求通过点 $(1,1,1)$，且与直线 $\begin{cases} x=2+t, \\ y=3+2t, \\ z=5+3t \end{cases}$ 垂直，又与平面 $2x-z-5=0$ 平行的直线方程.

6. 设 $z=y^2 f(xy, e^x)$，其中函数 f 具有二阶连续偏导数，求 $\dfrac{\partial^2 z}{\partial x \partial y}$.

7. 计算二重积分 $\iint\limits_{D} x\,dx\,dy$,其中 D 是曲线 $x=\sqrt{1-y^2}$,直线 $y=x$ 及 x 轴所围成的闭区域.

8. 已知函数 $y=e^x$ 和 $y=e^{-2x}$ 是二阶常系数齐次线性微分方程 $y''+py'+qy=0$ 的两个解,试确定常数 p,q 的值,并求微分方程 $y''+py'+qy=e^x$ 的通解.

计算专题十一

1. 求极限 $\lim\limits_{x\to 0}\dfrac{(e^x-e^{-x})^2}{\ln(1+x^2)}$.

2. 设函数 $y=y(x)$ 由参数方程 $\begin{cases} x=t^2+t, \\ e^y+y=t^2 \end{cases}$ 所确定，求 $\dfrac{dy}{dx}$.

3. 设 $f(x)$ 的一个原函数为 $x^2\sin x$, 求不定积分 $\int \dfrac{f(x)}{x}dx$.

4. 计算定积分 $\int_0^3 \dfrac{x}{1+\sqrt{x+1}}dx$.

5. 求通过 x 轴与直线 $\dfrac{x}{2}=\dfrac{y}{3}=\dfrac{z}{1}$ 的平面方程.

6. 设 $z=xf\left(\dfrac{y}{x},y\right)$,其中函数 f 具有二阶连续偏导数,求 $\dfrac{\partial^2 z}{\partial x\partial y}$.

7. 计算二重积分 $\iint\limits_{D} y\,dxdy$，其中 D 是由曲线 $y=\sqrt{2-x^2}$，直线 $y=-x$ 及 y 轴所围成的平面闭区域．

8. 已知函数 $y=(x+1)e^x$ 是一阶线性微分方程 $y'+2y=f(x)$ 的解，求二阶常系数线性微分方程 $y''+3y'+2y=f(x)$ 的通解．

计算专题十二

1. 求极限 $\lim\limits_{x\to 0}\dfrac{x^2+2\cos x-2}{x^3\ln(1+x)}$.

2. 设函数 $y=y(x)$ 由参数方程 $\begin{cases} x=t-\dfrac{1}{t}, \\ y=t^2+2\ln t \end{cases}$ 所确定，求 $\dfrac{\mathrm{d}y}{\mathrm{d}x}, \dfrac{\mathrm{d}^2 y}{\mathrm{d}x^2}$.

3. 求不定积分 $\int \dfrac{2x+1}{\cos^2 x}\mathrm{d}x$.

4. 计算定积分 $\int_1^2 \dfrac{1}{x\sqrt{2x-1}}\mathrm{d}x$.

5. 已知平面 Ⅱ 通过点 $M(1,2,3)$ 与 x 轴，求通过点 $N(1,1,1)$ 且与平面 Ⅱ 平行，又与直线 $\dfrac{x-2}{2}=\dfrac{y-3}{1}=\dfrac{z}{1}$ 垂直的直线方程.

6. 设函数 $z=f(x,xy)+\varphi(x^2+y^2)$，其中函数 f 具有二阶连续偏导数，函数 φ 具有二阶连续导数，求 $\dfrac{\partial^2 z}{\partial x \partial y}$.

7. 已知函数 $\varphi(x)$ 的一个原函数为 xe^x，求微分方程 $y''+4y'+4y=e^{-x}\varphi(x)$ 的通解.

8. 计算二重积分 $\iint\limits_{D} y\mathrm{d}x\mathrm{d}y$，其中 D 是由曲线 $y=\sqrt{x-1}$，直线 $y=\dfrac{1}{2}x$ 及 x 轴所围成的平面闭区域.

计算专题十三

1. 求极限 $\lim\limits_{x\to 0}\left[\dfrac{e^x}{\ln(1+x)}-\dfrac{1}{x}\right]$.

2. 设函数 $z=z(x,y)$ 由方程 $z^3+3xy-3z=1$ 所确定，求 $\dfrac{\partial z}{\partial x},\dfrac{\partial z}{\partial y}$ 及 dz.

3. 求不定积分 $\int x\sin 2x\,dx$.

4. 计算定积分 $\int_0^2 \dfrac{dx}{2+\sqrt{4-x^2}}$.

5. 设函数 $z=f(x^2, e^{2x+3y})$，其中函数 f 具有二阶连续偏导数，求 $\dfrac{\partial^2 z}{\partial y \partial x}$.

6. 已知直线 $\dfrac{x-1}{2}=\dfrac{y-1}{1}=\dfrac{z-1}{-1}$ 在平面 π 上，又知直线 $\begin{cases} x=2-3t, \\ y=1+t, \\ z=3+2t \end{cases}$ 与平面 π 平行，求平面 π 的方程.

7. 已知函数 $y=f(x)$ 是一阶微分方程 $\dfrac{dy}{dx}=y$ 满足初始条件 $y(0)=1$ 的特解,求二阶常系数非齐次线性微分方程 $y''-3y'+2y=f(x)$ 的通解.

8. 计算二重积分 $\iint\limits_{D} x\,dx\,dy$,其中 D 是由曲线 $y=\sqrt{4-x^2}\,(x>0)$ 与三条直线 $y=x$,$x=3$,$y=0$ 所围成的平面闭区域.

计算专题十四

1. 求极限 $\lim\limits_{x \to 0}\left(\dfrac{1}{x\arcsin x} - \dfrac{1}{x^2}\right)$.

2. 设函数 $y=f(x)$ 由参数方程 $\begin{cases} x=(t+1)e^{2t}, \\ e^y+ty=e \end{cases}$ 所确定，求 $\left.\dfrac{dy}{dx}\right|_{t=0}$.

3. 求不定积分 $\int x\ln^2 x\,\mathrm{d}x$.

4. 计算定积分 $\int_{\frac{1}{2}}^{\frac{5}{2}} \dfrac{\sqrt{2x-1}}{2x+3}\,\mathrm{d}x$.

5. 求平行于 x 轴且通过两点 $M(1,1,1)$ 与 $N(2,3,4)$ 的平面方程.

6. 设 $z=f(\sin x, x^2-y^2)$，其中函数 f 具有二阶连续偏导数，求 $\dfrac{\partial^2 z}{\partial x \partial y}$.

7. 计算二重积分 $\iint\limits_{D}(x+y)\mathrm{d}x\mathrm{d}y$，其中 D 为由三条直线 $y=-x, y=1, x=0$ 所围成的平面闭区域.

8. 求微分方程 $y''-2y'=x\mathrm{e}^{2x}$ 的通解.

计算专题十五

1. 求极限 $\lim\limits_{x \to 0} \dfrac{\int_0^x t\arcsin t\,\mathrm{d}t}{2\mathrm{e}^x - x^2 - 2x - 2}$.

2. 设 $f(x) = \begin{cases} \dfrac{x - \sin x}{x^2}, & x \neq 0, \\ 0, & x = 0, \end{cases}$ 求 $f'(x)$.

3. 求通过直线 $\dfrac{x+1}{2}=\dfrac{y-1}{1}=\dfrac{z+2}{5}$ 与平面 $3x+2y+z-10=0$ 的交点,且与直线 $\begin{cases} x-y+2x+3=0, \\ 2x+y-z-4=0 \end{cases}$ 平行的直线方程.

4. 求不定积分 $\displaystyle\int \dfrac{x^3}{\sqrt{9-x^2}}\mathrm{d}x$.

5. 计算定积分 $\int_{-\frac{\pi}{2}}^{\frac{\pi}{2}} (x^2+x)\sin x \,\mathrm{d}x$.

6. 设 $z=f\left(\dfrac{x}{y},\varphi(x)\right)$，其中函数 f 具有二阶连续偏导数，函数 φ 具有连续导数，求 $\dfrac{\partial^2 z}{\partial x \partial y}$.

7. 计算二重积分 $\iint\limits_D xy\,dxdy$，其中 D 为由曲线 $y=\sqrt{4-x^2}$ 与直线 $y=x$ 及直线 $y=2$ 所围成的平面闭区域．

8. 已知 $y=C_1e^x+C_2e^{2x}+xe^{3x}$ 是二阶常系数非齐次线性微分方程 $y''+py'+qy=f(x)$ 的通解，试求该微分方程．

四、综合题专项练习

综合专题一

1. 过 $P(1,0)$ 作抛物线 $y=\sqrt{x-2}$ 的切线,求:
(1) 切线方程;
(2) 由抛物线、切线以及 x 轴所围平面图形的面积;
(3) 该平面分别绕 x 轴、y 轴旋转一周的体积.

2. 设函数 $g(x)=\begin{cases}\dfrac{f(x)}{x}, & x\neq 0, \\ a, & x=0,\end{cases}$ $f(x)$ 具有二阶连续导数，且 $f(0)=0$.

(1) 求 a，使得 $g(x)$ 在 $x=0$ 处连续；

(2) 求 $g'(0)$.

综合专题二

1. 从原点作抛物线 $f(x)=x^2-2x+4$ 的两条切线,由这两条切线与抛物线所围成的图形记为 S. 求:
   (1) S 的面积;
   (2) 图形 S 绕 x 轴旋转一周所得的立体体积.

2. 已知某厂生产 x 件产品的成本为 $C(x)=25\,000+200x+\dfrac{1}{40}x^2$(元),产品产量 x 与价格 P 之间的关系为 $P(x)=440-\dfrac{1}{20}x$(元).

(1) 要使平均成本最小,应生产多少件产品?

(2) 企业生产多少件产品时,可获最大利润,并求最大利润?

综合专题三

1. 已知:抛物线 $y=4x-x^2$.

(1) 抛物线上哪一点处切线平行于 x 轴?写出切线方程;

(2) 求抛物线与水平切线及 y 轴所围平面图形的面积;

(3) 求该平面图形绕 x 轴旋转所成的旋转体的体积.

2. 设计一个容积为 V 立方米的有盖圆柱形贮油桶. 已知单位面积造价: 侧面是底面的一半, 盖又是侧面的一半, 问贮油桶的尺寸如何设计, 造价最低?

综合专题四

1. 设函数 $f(x)$ 可导,且满足方程 $\int_0^x tf(t)\mathrm{d}t = x^2 + 1 + f(x)$,求 $f(x)$.

2. 甲、乙两城位于一直线形河流的同一侧,甲城位于岸边,乙城离河岸40千米,乙城在河岸的垂足与甲城相距50千米,两城计划在河岸上合资共建一个污水处理厂,已知从污水处理厂到甲、乙两城铺设排污管的费用分别为每千米500元和700元.问污水处理厂建在何处,才能使铺设排污管的费用最省?

综合专题五

1. 设函数的图形上有一拐点 $P(2,4)$,在拐点 P 处曲线的切线斜率为 -3,又知该函数的二阶导数 $y''=6x+a$,求此函数.

2. 已知曲边三角形由抛物线 $y^2=2x$ 及直线 $x=0, y=1$ 所围成,求:

(1) 曲边三角形的面积;

(2) 该曲边三角形绕 x 轴旋转一周,所形成的旋转体体积.

综合专题六

1. 已知曲线 $y=f(x)$ 过原点且曲线在点 (x,y) 处的切线斜率等于 $2x+y$，求此曲线方程.

2. 设 $g(t)=\begin{cases}\dfrac{1}{t}\iint\limits_{D_t}f(x)\mathrm{d}x\mathrm{d}y, & t\neq 0,\\ a, & t=0,\end{cases}$ 其中 D_t 是由 $x=t, y=t$ 以及坐标轴所围的正方形区域,函数 $f(x)$ 连续.

(1) 求 a 的值使得 $g(t)$ 连续;

(2) 求 $g'(t)$.

综合专题七

1. 设平面图形由曲线 $y=1-x^2(x\geqslant 0)$ 及两坐标轴围成.
(1) 求该平面图形绕 x 轴旋转所形成的旋转体的体积;
(2) 求常数 a 的值,使直线 $y=a$ 将该平面图形分成面积相等的两部分.

2. 设函数 $f(x)=ax^3+bx^2+cx-9$ 具有如下性质：
(1) 在点 $x=-1$ 的左侧临近单调递减；
(2) 在点 $x=-1$ 的右侧临近单调递增；
(3) 其图形在点 $(1,2)$ 的两侧凹凸性发生改变.
试确定常数 a,b,c 的值.

综合专题八

1. 求曲线 $y = \dfrac{1}{x}$ $(x > 0)$ 的切线，使其在两坐标轴上的截距之和最小，并求此最小值.

2. 设平面图形由曲线 $y=x^2, y=2x^2$ 与直线 $x=1$ 所围成.

(1) 求该平面图形绕 x 轴旋转一周所得的旋转体的体积.

(2) 求常数 a,使直线 $x=a$ 将该平面图形分成面积相等的两部分.

综合专题九

1. 已知函数 $f(x)=x^3-3x+1$,试求:
(1) 函数 $f(x)$ 的单调区间与极值;
(2) 曲线 $y=f(x)$ 的凹凸区间与拐点;
(3) 函数 $f(x)$ 在闭区间 $[-2,3]$ 上的最大值与最小值.

2. 设 D_1 是由抛物线 $y=2x^2$ 和直线 $x=a, y=0$ 所围成的平面区域，D_2 是由抛物线 $y=2x^2$ 和直线 $x=a, x=2$ 及 $y=0$ 所围成的平面区域，其中 $0<a<2$. 试求：

(1) D_1 绕 y 轴旋转所成的旋转体的体积 V_1，以及 D_2 绕 x 轴旋转所成的旋转体的体积 V_2；

(2) 常数 a 的值，使得 D_1 的面积与 D_2 的面积相等.

综合专题十

1. 设由抛物线 $y=x^2(x\geqslant 0)$，直线 $y=a^2(0<a<1)$ 与 y 轴所围成的平面图形绕 x 轴旋转一周所形成的旋转体的体积记为 $V_1(a)$，由抛物线 $y=x^2(x\geqslant 0)$，直线 $y=a^2(0<a<1)$ 与直线 $x=1$ 所围成的平面图形绕 x 轴旋转一周所形成的旋转体的体积记为 $V_2(a)$，令 $V(a)=V_1(a)+V_2(a)$，试求常数 a 的值，使 $V(a)$ 取得最小值.

2. 设函数 $f(x)$ 满足方程 $f'(x)+f(x)=2e^x$，且 $f(0)=2$，由曲线 $y=\dfrac{f'(x)}{f(x)}$ 与直线 $y=1, x=t(t>0)$ 及 y 轴所围平面图形的面积为 $A(t)$，试求 $\lim\limits_{t\to+\infty}A(t)$.

综合专题十一

1. 设
$$f(x)=\begin{cases} \dfrac{e^{ax}-x^2-ax-1}{x\arctan x}, & x<0, \\ 1, & x=0, \\ \dfrac{e^{ax}-1}{\sin 2x}, & x>0, \end{cases}$$

问常数 a 为何值时，
(1) $x=0$ 是函数 $f(x)$ 的连续点？
(2) $x=0$ 是函数 $f(x)$ 的可去间断点？
(3) $x=0$ 是函数 $f(x)$ 的跳跃间断点？

2. 设函数 $f(x)$ 满足微分方程 $xf'(x)-2f(x)=-(a+1)x$（其中 a 为正常数），且 $f(1)=1$，由曲线 $y=f(x)(x\leqslant 1)$ 与直线 $x=1, y=0$ 所围成的平面图形记为 D. 已知 D 的面积为 $\dfrac{2}{3}$.

   (1) 求函数 $f(x)$ 的表达式；

   (2) 求平面图形 D 绕 x 轴旋转一周所形成的旋转体的体积 V_x；

   (3) 求平面图形 D 绕 y 轴旋转一周所形成的旋转体的体积 V_y.

综合专题十二

1. 设平面图形 D 由曲线 $y=x^2$ 与其在点 $P(1,1)$ 处的切线 L 及 x 轴所围成,试求:
(1) 切线 L 的方程;
(2) 平面图形 D 的面积;
(3) 平面图形 D 绕 x 轴旋转一周所形成的旋转体的体积.

2. 已知定义在$(-\infty, +\infty)$上的可导函数$f(x)$满足方程
$$xf(x) - 4\int_1^x f(t)\mathrm{d}t = x^3 - 3,$$

试求：

(1) 函数$f(x)$的表达式；

(2) 函数$f(x)$的单调区间与极值；

(3) 曲线$y = f(x)$的凹凸区间与拐点.

综合专题十三

1. 设平面图形 D 由曲线 $x=2\sqrt{y}$，$y=\sqrt{-x}$ 与直线 $y=1$ 所围成，试求：
(1) 平面图形 D 的面积；
(2) 平面图形 D 绕 x 轴旋转一周所形成的旋转体的体积.

2. 已知 $F(x)=\int_0^x (18t^{\frac{5}{3}}-10t^2)\mathrm{d}t$ 是函数 $f(x)$ 的一个原函数,求曲线 $y=f(x)$ 的凹凸区间与拐点.

综合专题十四

1. 设平面图形 D 由抛物线 $y=1-x^2$ 及其在点 $(1,0)$ 处的切线以及 y 轴所围成,试求:

(1) 平面图形 D 的面积;

(2) 平面图形 D 绕 y 轴旋转一周所形成的旋转体的体积.

2. 设 $\varphi(x)$ 是定义在 $(-\infty,+\infty)$ 上的连续函数，且满足方程
$$\int_0^x t\varphi(t)\,\mathrm{d}t = 1-\varphi(x),$$

(1) 求函数 $\varphi(x)$ 的解析式；

(2) 讨论函数 $f(x)=\begin{cases}\dfrac{\varphi(x)-1}{x^2}, & x\neq 0, \\ -\dfrac{1}{2}, & x=0\end{cases}$ 在 $x=0$ 处的连续性与可导性.

综合专题十五

1. 设 D 是由曲线 $y=x^2$ 与直线 $y=ax(a>0)$ 所围成的平面图形,已知 D 分别绕两坐标轴旋转一周所形成的旋转体的体积相等,试求:

(1) 常数 a 的值;

(2) 平面图形 D 的面积.

2. 设函数 $f(x)=\dfrac{ax+b}{(x+1)^2}$ 在点 $x=1$ 处取得极值 $-\dfrac{1}{4}$,试求:

(1) 常数 a,b 的值;

(2) 曲线 $y=f(x)$ 的凹凸区间与拐点;

(3) 曲线 $y=f(x)$ 的渐近线.

五、证明题专项练习

证明专题一

1. 设函数 $f(x)$ 在 $(0,c)$ 上具有严格单调递减的导数 $f'(x)$,$f(x)$ 在 $x=0$ 处右连续且 $f(0)=0$,试证:对于满足不等式 $0<a<b<a+b<c$ 的 a,b,恒有下式成立:$f(a)+f(b)>f(a+b)$.

2. 证明：当 $0 < x_1 < x_2 < \dfrac{\pi}{2}$ 时，$\dfrac{\tan x_2}{\tan x_1} > \dfrac{x_2}{x_1}$.

证明专题二

1. 证明：当 $-\dfrac{\pi}{2} < x < \dfrac{\pi}{2}$ 时，$\cos x \leqslant 1 - \dfrac{1}{\pi}x^2$ 成立.

2. 证明:当 $x>0$ 时,$x^2+\dfrac{16}{x}\geqslant 12$ 成立.

证明专题三

1. 证明：$xe^x=2$ 在 $(0,1)$ 内有且仅有一个实根.

2. 当 $\dfrac{1}{e} \leqslant x \leqslant e$ 时,证明:$1 \leqslant x - \ln x \leqslant e - 1$.

证明专题四

1. 证明：$\int_0^\pi xf(\sin x)\mathrm{d}x = \dfrac{\pi}{2}\int_0^\pi f(\sin x)\mathrm{d}x$，并利用此等式求 $\int_0^\pi x\dfrac{\sin x}{1+\cos^2 x}\mathrm{d}x$.

2. 证明：当 $0 < x < 1$ 时，$\arcsin x > x + \dfrac{1}{6}x^3$.

证明专题五

1. 证明:方程 $x^3-3x+1=0$ 在 $[-1,1]$ 上有且仅有一个实根.

2. 证明：$\int_0^{\frac{\pi}{2}} \dfrac{f(\cos^2 x)}{f(\sin^2 x) + f(\cos^2 x)} \mathrm{d}x = \dfrac{\pi}{4}$，其中，$f$ 为任一可积函数.

证明专题六

1. 证明:当$|x|\leqslant 2$时,$|3x-x^3|\leqslant 2$.

2. 已知函数 $f(x)=\begin{cases}(1+x)^{\frac{1}{x}}, & x\neq 0, \\ e, & x=0.\end{cases}$ 证明：函数 $f(x)$ 在区间 $(-\infty,+\infty)$ 内处处连续且可导.

证明专题七

1. 设 $b>a>0$,证明:$\int_a^b dy \int_y^b f(x) e^{2x+y} dx = \int_a^b (e^{3x} - e^{2x+a}) f(x) dx.$

2. 求证:当 $x>0$ 时,$(x^2-1)\ln x \geqslant (x-1)^2$.

证明专题八

1. 设函数 $f(x)$ 在闭区间 $[0,2a]$ $(a>0)$ 上连续,且 $f(0)=f(2a)\neq f(a)$,证明:在开区间 $(0,a)$ 上至少存在一点 ξ,使得 $f(\xi)=f(\xi+a)$.

2. 对任意实数 x,证明不等式:$(1-x)e^x \leqslant 1$.

证明专题九

1. 已知函数 $f(x)=\begin{cases} e^{-x}, & x<0, \\ 1+x, & x\geqslant 0, \end{cases}$ 证明:函数 $f(x)$ 在点 $x=0$ 处连续但不可导.

2. 证明：当 $1<x<2$ 时，$4x\ln x > x^2+2x-3$.

证明专题十

1. 证明:当 $x>1$ 时,$e^{x-1}>\dfrac{1}{2}x^2+\dfrac{1}{2}$.

2. 设 $f(x)=\begin{cases}\dfrac{\varphi(x)}{x}, & x\neq 0,\\ 1, & x=0,\end{cases}$ 其中函数 $\varphi(x)$ 在 $x=0$ 处具有二阶连续导数，且 $\varphi(0)=0$，$\varphi'(0)=1$，证明：函数 $f(x)$ 在 $x=0$ 处连续且可导.

证明专题十一

1. 证明:方程 $x\ln(1+x^2)=2$ 有且仅有一个小于 2 的正实根.

2. 证明：当 $x>0$ 时，$x^{2011}+2010 \geqslant 2011x$.

证明专题十二

1. 证明:当 $x>1$ 时,$x\ln x<\dfrac{1}{2}(x^2-1)$.

2. 设 $f(x)=\begin{cases}\dfrac{\int_0^x g(t)\mathrm{d}t}{x^2}, & x\neq 0,\\ g(0), & x=0,\end{cases}$ 其中函数 $g(x)$ 在 $(-\infty,+\infty)$ 上连续,且 $\lim\limits_{x\to 0}\dfrac{g(x)}{1-\cos x}=3.$

证明:函数 $f(x)$ 在 $x=0$ 处可导,且 $f'(0)=\dfrac{1}{2}.$

证明专题十三

1. 证明：当 $x>1$ 时，$(1+\ln x)^2 < 2x-1$.

2. 设函数 $f(x)$ 在 $[a,b]$ 上连续,证明: $\int_a^b f(x)\mathrm{d}x = \int_a^{\frac{a+b}{2}} [f(x)+f(a+b-x)]\mathrm{d}x$.

证明专题十四

1. 证明:方程 $x\ln x = 3$ 在区间 $(2,3)$ 内有且仅有一个实根.

2. 证明：当 $x>0$ 时，$e^x-1>\dfrac{1}{2}x^2+\ln(x+1)$.

证明专题十五

1. 证明:当 $0<x<1$ 时,$(x-2)\ln(1-x)>2x$.

2. 设 $z=z(x,y)$ 是由方程 $y+z=xf(y^2-z^2)$ 所确定的函数,其中 f 为可导函数,证明:$x\dfrac{\partial z}{\partial x}+z\dfrac{\partial z}{\partial y}=y$.

参考答案

一、单选题专项练习

单选专题一

1. 【答案】 C. 【解析】 由 $\lim\limits_{x\to 0}\dfrac{\sin x}{x}=1,\lim\limits_{x\to\infty}\left(1+\dfrac{1}{x}\right)^x=e$ 知 C 正确.

2. 【答案】 D. 【解析】 基本积分公式.

3. 【答案】 B. 【解析】 由 $f(x)=f(-x)\Rightarrow f(x)$ 关于 y 轴对称,又在 $[0,+\infty)$ 内 $f'(x)>0$, $f''(x)>0\Rightarrow f(x)$ 在 $[0,+\infty)$ 严格递增且下凸,进而由对称性可得在 $(-\infty,0)$ 内 $f'(x)<0, f''(x)>0$. 即 B.

4. 【答案】 D. 【解析】 $\int_0^2|x-1|\mathrm{d}x=\int_0^1(1-x)\mathrm{d}x+\int_1^2(x-1)\mathrm{d}x=1.$

5. 【答案】 A. 【解析】 注意是三维空间即可.

6. 【答案】 B. 【解析】 $\lim\limits_{x\to 0^-}f(x)=\lim\limits_{x\to 0^-}\dfrac{1-2e^{\frac{1}{x}}}{1+e^{\frac{1}{x}}}=1$,而 $\lim\limits_{x\to 0^+}f(x)=-2$,即 $f(0^+),f(0^-)$ 均有限,但 $f(0^+)\neq f(0^-)$,所 $x=0$ 为跳跃间断点.

单选专题二

1. 【答案】 C. 【解析】 $\lim\limits_{h\to 0}\dfrac{f(h)-f(-h)}{h}=\lim\limits_{h\to 0}\dfrac{f(h)-f(0)-[f(-h)-f(0)]}{h}=$
$\lim\limits_{h\to 0}\dfrac{f(h)-f(0)}{h}+\lim\limits_{-h\to 0}\dfrac{f(-h)-f(0)}{-h}=2f'(0).$

2. 【答案】 A. 【解析】 $\left[\dfrac{1}{a}f(ax)+C\right]'=f'(ax).$

3. 【答案】 B. 【解析】 $\mathrm{d}y=(\arctan e^x)'\mathrm{d}x=\dfrac{(e^x)'}{1+(e^x)^2}\mathrm{d}x=\dfrac{e^x}{1+e^{2x}}\mathrm{d}x.$

4. 【答案】 D. 【解析】 A、B、C 显然不为平面.

5. 【答案】 A. 【解析】 显然 $I\geqslant 0$,又 $I\leqslant\int_0^1\dfrac{\sqrt{2}}{2}\mathrm{d}x=\dfrac{\sqrt{2}}{2}.$

6. 【答案】 B. 【解析】 $\int_1^{+\infty}\dfrac{1}{x^p}\mathrm{d}x=\dfrac{x^{1-p}}{1-p}\Big|_1^{+\infty}$,该极限收敛,只能有 $p>1$.

单选专题三

1. 【答案】 D. 【解析】 A、B 极限为零,C 极限为 4.

2. 【答案】 C. 【解析】 $\mathrm{d}y=[\ln(x+\sqrt{1+x^2})]'\mathrm{d}x=\dfrac{1}{x+\sqrt{1+x^2}}\cdot\dfrac{\sqrt{1+x^2}+x}{\sqrt{1+x^2}}\mathrm{d}x=\dfrac{1}{\sqrt{1+x^2}}\mathrm{d}x.$

· 143 ·

3.【答案】 D.【解析】 由直线与平面夹角计算公式得.

4.【答案】 B.【解析】 A,D 发散,而 $\sum\limits_{n=1}^{+\infty}\left|\dfrac{(-1)^n}{n}\right|=\sum\limits_{n=1}^{+\infty}\dfrac{1}{n}$ 是发散的,故 C 不绝对收敛.

5.【答案】 B.【解析】 由求解公式可得方程通解为 $y=C_1\cos x+C_2\sin x$. 代入特解可得 $C_1=0, C_2=1$.

6.【答案】 C.【解析】 $f(x)$ 连续即要求 $\lim\limits_{x\to 0^+}f(x)=\lim\limits_{x\to 0^-}f(x)=f(0)=2$,而 $\lim\limits_{x\to 0^+}f(x)=\lim\limits_{x\to 0^+}\dfrac{\sin ax}{x}=2\Rightarrow a=2$,$\lim\limits_{x\to 0^-}f(x)=\lim\limits_{x\to 0^-}\dfrac{1}{bx}\ln(1-3x)=2\Rightarrow b=-\dfrac{3}{2}$.

单选专题四

1.【答案】 A.【解析】 $f(x)$ 显然有界,而其定义域不是关于 O 点对称的,所以 $f(x)$ 非奇非偶,显然也不是周期函数.

2.【答案】 B.【解析】 $\lim\limits_{x\to 0}\dfrac{x^2-\sin x}{x}=-1$,所以,同阶但不等价.

3.【答案】 C.【解析】 $y'=1-e^x=0\Rightarrow x=0$,代入 $y=x-e^x$ 得 $y=-1$,则切点坐标为 $(0,-1)$.

4.【答案】 B.【解析】 积分所求为下图阴影部分面积,即四分之一圆,故为 $\dfrac{S}{4}$.

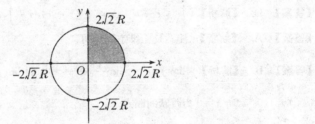

5.【答案】 A.【解析】 $\dfrac{\partial u}{\partial x}=\dfrac{\frac{1}{y}}{1+\frac{x^2}{y^2}}=\dfrac{y}{x^2+y^2}$,$\dfrac{\partial v}{\partial y}=\dfrac{1}{\sqrt{x^2+y^2}}\times\dfrac{1}{2}\dfrac{1}{\sqrt{x^2+y^2}}\times 2y=\dfrac{y}{x^2+y^2}$,故 $\dfrac{\partial u}{\partial x}=\dfrac{\partial v}{\partial y}$.

6.【答案】 D.【解析】 利用求解公式求出通解,再求导. 或者将选项代入验算.

单选专题五

1.【答案】 A.【解析】 $\lim\limits_{x\to 0}f(x)=\lim\limits_{x\to 0}x\sin\dfrac{1}{x}=0$,而 $f(x)$ 在 $x=0$ 处无定义,所以为可去间断点.

2.【答案】 C.【解析】 由题意得 $y'\big|_{x=2}=0$,即 $1-\dfrac{2a}{1+2a\times 2}=0\Rightarrow a=-\dfrac{1}{2}$.

3.【答案】 D.【解析】 $\int\sin xf(\cos x)\mathrm{d}x=-\int f(\cos x)\mathrm{d}\cos x=-F(\cos x)+C$.

4.【答案】 B.【解析】 $\lim\limits_{x\to 0}(1-kx)^{\frac{1}{x}}=\lim\limits_{x\to 0}[1+(-kx)]^{\frac{1}{-kx}(-k)}=e^{-k}$.

5.【答案】 A.【解析】 如图所示,原积分 $=\left(\iint\limits_{D_1}xy\mathrm{d}x\mathrm{d}y+\iint\limits_{D_2}xy\mathrm{d}x\mathrm{d}y\right)+\left(\iint\limits_{D_3}xy\mathrm{d}x\mathrm{d}y+\iint\limits_{D_4}xy\mathrm{d}x\mathrm{d}y\right)+\left(\iint\limits_{D_1}\cos x\sin y\mathrm{d}x\mathrm{d}y+\iint\limits_{D_2}\cos x\sin y\mathrm{d}x\mathrm{d}y\right)+\left(\iint\limits_{D_3}\cos x\sin y\mathrm{d}x\mathrm{d}y+\iint\limits_{D_4}\cos x\sin y\mathrm{d}x\mathrm{d}y\right)=$

$2\iint\limits_{D_1} \cos x \sin y \mathrm{d}x\mathrm{d}y.$

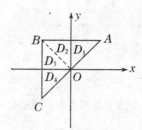

6.【答案】 C. 【解析】 取 $u_n = n$，则(1)发散(2)也发散，取 $u_n = \dfrac{1}{n}$，则(1)发散(2)收敛.

单选专题六

1.【答案】 C. 【解析】 $\lim\limits_{x\to 0}\dfrac{x}{f\left(\dfrac{x}{3}\right)}\xlongequal{x=\frac{3}{2}t}\lim\limits_{t\to 0}\dfrac{3}{2}\dfrac{t}{f\left(\dfrac{t}{2}\right)}=\dfrac{3}{2}\lim\limits_{t\to 0}\dfrac{t}{f\left(\dfrac{t}{2}\right)}=\dfrac{3}{2}\times 2=3.$

2.【答案】 B. 【解析】 由定义知 $f(x)$ 在 $x=0$ 处连续，由 $\lim\limits_{x\to 0}\dfrac{x^2\sin\dfrac{1}{x}}{x}=0$ 知 $f(x)$ 在 $x=0$ 处可导.

3.【答案】 C. 【解析】 罗尔定理条件为：① $[-1,1]$ 上连续，② $(-1,1)$ 内可导，③ $f(-1)=f(1)$. A、D 不满足③，B 不满足②.

4.【答案】 C. 【解析】 $\int f'(-x)\mathrm{d}x = -\int f'(-x)\mathrm{d}(-x) = -2\mathrm{e}^{-2x}+C.$

5.【答案】 C. 【解析】 A、B 反例：取 $u_n=\dfrac{1}{n}$；D 反例：取 $u_n=(-1)^n\dfrac{1}{n}.$

6.【答案】 A. 【解析】 设 $D_2 = \dfrac{D}{D_1}$，则 $\iint\limits_{D} f(x,y)\mathrm{d}x\mathrm{d}y = \iint\limits_{D_1} f(x,y)\mathrm{d}x\mathrm{d}y + \iint\limits_{D_2} f(x,y)\mathrm{d}x\mathrm{d}y$，由 $f(-x,y)=-f(x,y)$ 得 $\iint\limits_{D_2} f(x,y)\mathrm{d}x\mathrm{d}y = -\iint\limits_{D_1} f(x,y)\mathrm{d}x\mathrm{d}y$，得积分为零.

单选专题七

1.【答案】 B. 【解析】 $\lim\limits_{x\to\infty} xf\left(\dfrac{1}{2x}\right)\xlongequal{x=\frac{1}{4t}}\lim\limits_{t\to 0}\dfrac{1}{4t}f(2t)=\lim\limits_{t\to 0}\dfrac{1}{4}\times\dfrac{f(2t)}{t}=\dfrac{1}{4}\times 2=\dfrac{1}{2}.$

2.【答案】 C. 【解析】 $\lim\limits_{x\to 0}\dfrac{x^2\ln(1+x^2)}{\sin^n x}=0\Rightarrow n\leqslant 3,\lim\limits_{x\to 0}\dfrac{\sin^n x}{1-\cos x}=0\Rightarrow n\geqslant 3$，所以 $n=3$.

3.【答案】 C. 【解析】 由罗尔中值定理知：方程有三个实根分别位于 $(0,1),(1,2),(2,3)$ 内.

4.【答案】 A. 【解析】 $\int f'(2x)\mathrm{d}x = \dfrac{1}{2}\int f'(2x)\mathrm{d}2x = \dfrac{1}{2}f(2x)+C$，而 $(\sin 2x)' = 2\cos 2x = f(x)$，故 $\int f'(2x)\mathrm{d}x = \cos 4x + C.$

5.【答案】 D. 【解析】 $f'(x)=\left(\int_1^{x^2}\sin t^2\mathrm{d}t\right)' = \sin(x^2)^2\cdot(x^2)' = 2x\sin x^4.$

6.【答案】 D. 【解析】 因为 $\sum\limits_{n=1}^{\infty}\dfrac{(-1)^n}{\sqrt{n}}$ 为交错级数，通项 $\dfrac{1}{\sqrt{n}}$ 递减趋于零，故收敛.

单选专题八

1.【答案】 B. 【解析】 由奇函数定义即得.

2. 【答案】 A. 【解析】 $f(x)$ 可导，$f'(0) = \lim\limits_{x\to 0}\dfrac{f(x)-f(0)}{x}$，所以 $\lim\limits_{x\to 0}\dfrac{f(0)-f(x)}{x} = -f'(0)$.

3. 【答案】 D. 【解析】 设 $F'(t) = t^2\sin t$，则 $f'(x) = [F(1)-F(2x)]' = -F'(2x) = -2\times(2x)^2\cdot \sin 2x = -8x^2\sin 2x$.

4. 【答案】 C. 【解析】 由向量乘法定义即得.

5. 【答案】 A. 【解析】 $dz = -\dfrac{x}{y}\cdot\dfrac{y}{x^2}dx + \dfrac{x}{y}\cdot\dfrac{1}{x}dy = -\dfrac{1}{x}dx + \dfrac{1}{y}dy$，将 $(2,2)$ 代入即可.

6. 【答案】 B. 【解析】 利用二阶常系数线性方程通解公式求解.

单选专题九

1. 【答案】 A. 【解析】 由题设得：$\lim\limits_{x\to 2}(x^2+ax+b) = 4+2a+b = 0$，$\lim\limits_{x\to 2}(2x+a) = 3$，所以 $a = -1, b = -2$.

2. 【答案】 B. 【解析】 $\lim\limits_{x\to 2}\dfrac{x^2-3x+2}{x^2-4} = \lim\limits_{x\to 2}\dfrac{x-1}{x+2} = \dfrac{1}{4}$，故 $x=2$ 为可去间断点.

3. 【答案】 C. 【解析】 由 $f(x)$ 在 $x=0$ 处可导得：$\lim\limits_{x\to 0}\dfrac{f(x)-f(0)}{x} = \lim\limits_{x\to 0}x^{a-1}\sin\dfrac{1}{x}$ 为有限值，所以 $a-1 > 0 \Rightarrow a > 1$.

4. 【答案】 B. 【解析】 两条，一条垂直渐近线，一条倾斜渐近线.

5. 【答案】 D. 【解析】 $f(x) = F'(x) = \dfrac{3}{3x+1}$，$\int f'(2x+1)dx = \dfrac{1}{2}\int f'(2x+1)d(2x+1) = \dfrac{1}{2}f(2x+1) + C = \dfrac{1}{2}\times\dfrac{3}{3(2x+1)+1} + C = \dfrac{3}{12x+8} + C$.

6. 【答案】 C. 【解析】 $\sum\limits_{n=1}^{\infty}\dfrac{n+a}{n^2} = \sum\limits_{n=1}^{\infty}\dfrac{1}{n} + \sum\limits_{n=1}^{\infty}\dfrac{a}{n^2}$，因为 $\sum\limits_{n=1}^{\infty}\dfrac{1}{n}$ 发散，$\sum\limits_{n=1}^{\infty}\dfrac{a}{n^2}$ 收敛，故原级数发散.

单选专题十

1. 【答案】 A. 【解析】 由 $\lim\limits_{x\to 0}\dfrac{x-\sin x}{ax^n} \xrightarrow{\left(\frac{0}{0}\right)} \lim\limits_{x\to 0}\dfrac{1-\cos x}{anx^{n-1}} = \lim\limits_{x\to 0}\dfrac{\frac{1}{2}x^2}{anx^{n-1}} = \dfrac{1}{2an}\lim\limits_{x\to 0}x^{n-3} = 1$，知 $n=3, a=\dfrac{1}{6}$.

2. 【答案】 C. 【解析】 由 $\lim\limits_{x\to\infty}\dfrac{x^2-3x+4}{x^2-5x+6} = 1$，知 $y=1$ 是一条水平渐近线. 又 $y = \dfrac{x^2-3x+4}{(x-2)(x-3)}$，所以 $x=2, x=3$ 是两条垂直渐近线.

3. 【答案】 B. 【解析】 $\Phi'(x) = -e^{x^2}\cos x^2\cdot(x^2)' = -2xe^{x^2}\cos x^2$，选 B.

4. 【答案】 D. 【解析】 由 $\lim\limits_{n\to\infty}\dfrac{a_{n+1}}{a_n} = \lim\limits_{n\to\infty}\dfrac{(n+1)^2}{2^{n+1}}\cdot\dfrac{2^n}{n^2} = \dfrac{1}{2} < 1$，故 $\sum\limits_{n=1}^{\infty}\dfrac{n^2}{2^n}$ 收敛，选 D. 因为 $\sum\limits_{n=1}^{\infty}\dfrac{1}{\sqrt{n}}$ 发散，$\sum\limits_{n=1}^{\infty}\dfrac{(-1)^n}{\sqrt{n}}$ 收敛，所以级数 $\sum\limits_{n=1}^{\infty}\dfrac{1+(-1)^n}{\sqrt{n}}$ 发散.

5. 【答案】 D. 【解析】 积分区域如图所示.

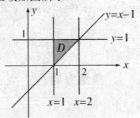

$$\int_0^1 dy \int_1^{y+1} f(x,y) dx = \int_1^2 dx \int_{x-1}^1 f(x,y) dy.$$

6.【答案】 C. 【解析】 $f'(x)=3x^2-3=3(x^2-1)$,当 $0<x<1$ 时,$f'(x)<0$,单调递减. 又 $f''(x)=6x$,当 $0<x<1$ 时,$f''(x)>0$,故 $f(x)$ 在区间 $(0,1)$ 是凹的,选 C.

单选专题十一

1.【答案】 C. 【解析】 由 $\lim\limits_{x\to 0}\dfrac{e^x-x-1}{x^2}\xlongequal{\left(\frac{0}{0}\right)}\lim\limits_{x\to 0}\dfrac{e^x-1}{2x}=\lim\limits_{x\to 0}\dfrac{x}{2x}=\dfrac{1}{2}$,选 C.

2.【答案】 B. 【解析】 由 $\lim\limits_{h\to 0}\dfrac{f(x_0-h)-f(x_0+h)}{h}=\lim\limits_{h\to 0}\dfrac{f(x_0-h)-f(x_0)}{h}-\lim\limits_{h\to 0}\dfrac{f(x_0+h)-f(x_0)}{h}=-f'(x_0)-f'(x_0)=-2f'(x_0)=4$,知 $f'(x_0)=-2$.

3.【答案】 A. 【解析】 $y'=3ax^2-2bx$,$y''=6ax-2b$. 令 $y''=0$ 得 $x=\dfrac{b}{3a}$. 又 $(1,-2)$ 是该曲线的拐点,故 $b=3a$,$a-b=-2$,由此可得 $a=1,b=3$.

4.【答案】 B. 【解析】 两边对 y 求偏导数可得 $3z^2\dfrac{\partial z}{\partial y}-3\left(z+y\dfrac{\partial z}{\partial y}\right)=0$,由此知 $\dfrac{\partial z}{\partial y}=\dfrac{z}{z^2-y}$. 将 $x=0,y=0$ 代入原方程有 $z=2$. 故 $\dfrac{\partial z}{\partial y}\bigg|_{x=0,y=0}=\dfrac{1}{2}$.

5.【答案】 D. 【解析】 积分区域如图所示,故选 D.

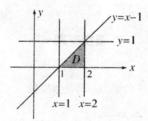

6.【答案】 D. 【解析】 $f(x)=\dfrac{1}{2+x}=\dfrac{1}{2}\times\dfrac{1}{1+\frac{x}{2}}=\dfrac{1}{2}\sum\limits_{n=0}^{\infty}\left(-\dfrac{x}{2}\right)^n=\sum\limits_{n=0}^{\infty}\dfrac{(-1)^n}{2^{n+1}}x^n$.

单选专题十二

1.【答案】 B. 【解析】 原式 $=\lim\limits_{x\to\infty}2x\sin\dfrac{1}{x}+\lim\limits_{x\to\infty}(\sin 3x)\cdot\dfrac{1}{x}=2+0=2$.

2.【答案】 C. 【解析】 $f(0-0)=\lim\limits_{x\to 0^-}\dfrac{(x-2)\sin x}{|x|(x-2)(x+2)}=-\dfrac{1}{2}$,$f(0+0)=\lim\limits_{x\to 0^+}\dfrac{(x-2)\sin x}{|x|(x-2)(x+2)}=\dfrac{1}{2}$,$x=0$ 是第 I 类(跳跃)间断点. 又 $\lim\limits_{x\to 2}\dfrac{(x-2)\sin x}{|x|(x-2)(x+2)}=\lim\limits_{x\to 2}\dfrac{\sin x}{|x|(x+2)}=\dfrac{\sin 2}{8}$,$x=2$ 是第 I 类(可去)间断点.

而 $\lim\limits_{x\to -2}\dfrac{(x-2)\sin x}{|x|(x-2)(x+2)}=\infty$,故 $x=-2$ 是第 II 类间断点,选 C.

3.【答案】 C. 【解析】 $f'(x)=\dfrac{10}{3}x^{-\frac{1}{3}}(x-1)$,$x=1$ 是 $f(x)$ 的驻点,$f(x)$ 在 $x=0$ 点导数不存在. 不难验证:$f(x)$ 在 $x=0$ 取得极大值,在 $x=1$ 处取得极小值,故选 C.

4.【答案】 A. 【解析】 由 $dz=\dfrac{1}{x}dx-\dfrac{3}{y^2}dy$,$dz|_{(1,1)}=dx-3dy$.

5.【答案】 B. 【解析】 积分区域如图所示. 令 $x=\rho\cos\theta,y=\rho\sin\theta$,则圆方程为 $\rho=2\sin\theta$,于是

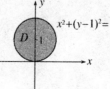

$$\iint_D f(x^2+y^2)\mathrm{d}\sigma = \int_0^\pi \mathrm{d}\theta \int_0^{2\sin\theta} f(\rho^2)\rho\mathrm{d}\rho.$$

6.【答案】D.【解析】级数 A、C 的通项不趋于零,显然发散,而 $\sum\limits_{n=1}^\infty \dfrac{1}{\sqrt{n}}$ 发散,$\sum\limits_{n=1}^\infty \dfrac{(-1)^n}{\sqrt{n}}$ 收敛,故 $\sum\limits_{n=1}^\infty \dfrac{1+(-1)^n}{\sqrt{n}}$ 发散. 又 $\dfrac{n+1}{n^3+1} = \dfrac{1}{n^2}\left(\dfrac{1+\frac{1}{n}}{1+\frac{1}{n^3}}\right) \sim \dfrac{1}{n^2} (n\to\infty)$,所以 $\sum\limits_{n=1}^\infty \dfrac{n+1}{n^3+1}$ 收敛,选 D.

单选专题十三

1. C 2. C 3. B 4. B 5. D 6. A

单选专题十四

1. C 2. B 3. B 4. A 5. D 6. D

单选专题十五

1. C 2. B 3. B 4. A 5. D 6. D

二、填空题专项练习

填空专题一

1. 2
2. $y = e^{3x}(C_1\cos 2x + C_2\sin 2x)$,其中 C_1, C_2 为任意实数
3. $\int_0^2 \mathrm{d}y \int_{\frac{y}{2}}^y f(x,y)\mathrm{d}x + \int_2^4 \mathrm{d}y \int_{\frac{y}{2}}^2 f(x,y)\mathrm{d}x$
4. $yx^{y-1}\mathrm{d}x + x^y \ln x \mathrm{d}y$
5. $\dfrac{64}{5}$

填空专题二

1. 1
2. $(-\infty, 1]$
3. 0
4. $\sqrt{-2e^{-x}+3}$
5. $\int_1^e \mathrm{d}x \int_0^{\ln x} f(x,y)\mathrm{d}y$

填空专题三

1. $e^2 - 1$
2. $[1, +\infty)$
3. 0
4. $\int_0^2 \mathrm{d}x \int_{\frac{x}{2}}^{3-x} f(x,y)\mathrm{d}y$

填空专题四

1. e^{-1}

2. $\dfrac{x-1}{4}=\dfrac{y}{2}=\dfrac{z+2}{-3}$

3. $n!$

4. $\dfrac{1}{4}\arcsin^4 x+C$

5. $\int_0^1 dy\int_0^{\sqrt{y}} f(x,y)dx+\int_1^2 dy\int_0^{2-y} f(x,y)dx$

6. $(-1,3)$

填空专题五

1. 2
2. $e-1$
3. $\dfrac{\pi}{2}$
4. 5
5. $\int_0^1 dy\int_{-\sqrt{1-y^2}}^{y-1} f(x,y)dx$
6. $(-1,1)$

填空专题六

1. 2
2. $f(x_0)$
3. -1
4. 1
5. $e^{xy}(\cos x+y\sin x)$
6. 1

填空专题七

1. $\ln 2$
2. 1
3. 2π
4. $\dfrac{\sqrt{3}}{2}$
5. $\dfrac{1}{y}dx-\dfrac{x}{y^2}dy$
6. $y''-5y'+6y=0$

填空专题八

1. $x=1$
2. 3
3. $\left(\dfrac{1}{2},\dfrac{13}{2}\right)$
4. $-\cos x+\dfrac{1}{2}x+C$
5. π
6. $[-2,2)$

填空专题九

1. $\ln 2$
2. $4xe^{2x}$
3. $\dfrac{\pi}{3}$
4. $-\dfrac{z^2}{2xz+y}$
5. 2
6. $2\ln|y|-y=\ln|x|+\dfrac{1}{2}x^2+C$

填空专题十

1. $\lim\limits_{x\to\infty}\left(\dfrac{x+1}{x-1}\right)^x=\lim\limits_{x\to\infty}e^{x\ln\frac{x+1}{x-1}}=e^{\lim\limits_{x\to\infty}x\ln\frac{x+1}{x-1}}=e^{\lim\limits_{x\to\infty}x\ln\left(1+\frac{2}{x-1}\right)}=e^{\lim\limits_{x\to\infty}x\cdot\frac{2}{x-1}}=e^2.$

2. $\lim\limits_{x\to 0}\dfrac{f(x)-f(-x)}{x}=\lim\limits_{x\to 0}\dfrac{(f(x)-f(0))-(f(-x)-f(0))}{x}$
   $=\lim\limits_{x\to 0}\dfrac{f(x)-f(0)}{x}+\lim\limits_{x\to 0}\dfrac{f(-x)-f(0)}{-x}=2f'(0)=2.$

3. $\int_{-1}^{1}\dfrac{x^3+1}{x^2+1}dx=\int_{-1}^{1}\dfrac{x^3}{x^2+1}dx+\int_{-1}^{1}\dfrac{1}{x^2+1}dx=0+2\int_{0}^{1}\dfrac{1}{x^2+1}dx=2\arctan x\Big|_0^1=\dfrac{\pi}{2}.$

4. $\boldsymbol{a}\cdot\boldsymbol{b}=(1,2,3)\cdot(2,5,k)=12+3k=0$, 故 $k=-4.$

5. 由 $\dfrac{\partial z}{\partial x}=\dfrac{x}{x^2+4y}, \dfrac{\partial z}{\partial y}=\dfrac{2}{x^2+4y}$ 得 $dz\big|_{x=1,y=0}=\dfrac{x}{x^2+4y}\Big|_{x=1,y=0}dx+\dfrac{2}{x^2+4y}\Big|_{x=1,y=0}dy=dx+2dy.$

6. 由 $\lim\limits_{x\to\infty}\left|\dfrac{a_n}{a_{n+1}}\right|=1$ 知收敛半径为 1，又 $x=1$ 时级数收敛，$x=-1$ 时级数发散，故收敛域为 $(-1,1]$.

填空专题十一

1. 原式 $=\lim\limits_{x\to\infty}e^{kx\ln\left(\frac{x-2}{x}\right)}=e^{k\lim\limits_{x\to\infty}x\ln\left(1-\frac{2}{x}\right)}=e^{k\lim\limits_{x\to\infty}x\cdot\frac{-2}{x}}=e^{-2k}=e^2$, 故 $k=-1.$

2. $\Phi'(x)=2x\ln(1+x^2), \Phi''(x)=2\ln(1+x^2)+\dfrac{4x^2}{1+x^2}$, 故 $\Phi''(1)=2\ln 2+2.$

3. 由 $\boldsymbol{a}\cdot\boldsymbol{b}=|\boldsymbol{a}||\boldsymbol{b}|\cos\theta=4\cos\theta=2$ 知 $\theta=\dfrac{\pi}{3}$, 故 $|\boldsymbol{a}\times\boldsymbol{b}|=|\boldsymbol{a}|\cdot|\boldsymbol{b}|\cdot\sin\theta=4\times\dfrac{\sqrt{3}}{2}=2\sqrt{3}.$

4. $dy=\dfrac{1}{1+(\sqrt{x})^2}\times\dfrac{1}{2}\times\dfrac{1}{\sqrt{x}}=\dfrac{1}{2\sqrt{x}(1+x)}, dy\big|_{x=1}=\dfrac{1}{4}dx.$

5. $\int_{-\frac{\pi}{2}}^{\frac{\pi}{2}}(x^3+1)\sin^2 x\,dx=\int_{-\frac{\pi}{2}}^{\frac{\pi}{2}}x^3\sin^2 x\,dx+\int_{-\frac{\pi}{2}}^{\frac{\pi}{2}}\sin^2 x\,dx=0+2\int_{0}^{\frac{\pi}{2}}\sin^2 x\,dx=\int_{0}^{\frac{\pi}{2}}(1-\cos 2x)dx=\dfrac{\pi}{2}.$

6. 因为 $\lim\limits_{x\to\infty}\left|\dfrac{a_n}{a_{n+1}}\right|=1$, 收敛半径为 1. 又 $x=1$ 时级数发散, $x=-1$ 时级数收敛, 故收敛域 $[-1,1)$.

填空专题十二

1. 原式 $=\lim\limits_{x\to\infty}e^{\frac{2}{x}\ln(1-2x)}=e^{\lim\limits_{x\to 0}\frac{2}{x}\ln(1-2x)}=e^{\lim\limits_{x\to 0}\frac{2}{x}(-2x)}=e^{-4}.$

2. 记 $g(x)=x(x^3+2x+1)^2$, $h(x)=e^{2x}$, $g(x)$ 是关于 x 的 7 次多项式, 且 x^7 的余数为 1, 所以 $g^{(7)}(x)=7!$. 又 $h^{(n)}(x)=2^n e^{2x}$, 故 $h^{(7)}(0)=2^7$, 于是 $y^{(7)}(0)=g^{(7)}(0)+h^{(7)}(0)=7!+2^7$.

3. $dy=d(e^{x\ln x})=e^{x\ln x}(\ln x+1)dx=x^x(1+\ln x)dx$.

4. $|a+2b|^2=(a+2b)\cdot(a+2b)=a\cdot a+2a\cdot b+2b\cdot a+4b\cdot b=|a|^2+4|b|^2=25$, 故 $|a+2b|=5$.

5. $\int_a^{+\infty} e^{-x}dx=-e^{-x}\Big|_a^{+\infty}=-(0-e^{-a})=e^{-a}=\frac{1}{2}$, 故 $a=\ln 2$.

6. 由 $\lim\limits_{x\to\infty}\left|\dfrac{a_n}{a_{n+1}}\right|=\lim\limits_{x\to\infty}\dfrac{(n+1)3^{n+1}}{n\times 3^n}=3$, 知收敛半径为 3. 又 $x=0$ 时级数发散, $x=6$ 时级数收敛, 所以收敛域是 $(0,6]$.

填空专题十三

1. 0

2. $\dfrac{\sqrt{6}}{2}$

3. $\dfrac{3}{2}$

4. 2

5. $y=x(\ln|x|+C)$

6. $\left[-\dfrac{1}{2},\dfrac{1}{2}\right)$

填空专题十四

1. $y=e^{-2}$

2. 5

3. $\dfrac{\pi}{2}$

4. $-\dfrac{y}{x^2+y^2}dx+\dfrac{x}{x^2+y^2}dy$

5. $\dfrac{\pi}{3}$

6. $[0,2)$

填空专题十五

1. $\dfrac{1}{2}$

2. $y=3x+2$

3. $(2,-4,-2)$

4. $\dfrac{(-1)^n 2^n n!}{(2x+1)^{n+1}}$

5. $y=x^2+x$

6. $\left[\dfrac{1}{2},\dfrac{3}{2}\right)$

三、计算题专项练习

计算专题一

1. $dy=\left(\dfrac{1}{1+x}\cdot\dfrac{1}{2\sqrt{x}}+\dfrac{2^x\ln x}{1+2^x}\right)dx$

2. $-\dfrac{1}{3}$

3. $x=-1$ 是第 II 类(无穷)间断点；$x=0$ 是第 I 类(跳跃)间断点；$x=1$ 是第 I 类(可去)间断点.

4. 1

5. $\displaystyle\int\dfrac{e^{2x}}{1+e^x}dx=\int\dfrac{e^{2x}+e^x-e^x}{1+e^x}dx=e^x-\ln(1+e^x)+C$

6. $\dfrac{1}{\pi}$

7. $y=e^{-\int\tan x\,dx}\left[\int\sec x\cdot e^{\int\tan x\,dx}dx+C\right]=e^{-\ln\cos x}\left[\int\sec x\cdot e^{\ln\cos x}dx+C\right]=\dfrac{x+C}{\cos x}\cdot y\Big|_{x=0}=0\Rightarrow\dfrac{0+C}{\cos 0}=0\Rightarrow C=0\Rightarrow y=\dfrac{x}{\cos x}$.

8. 原式 $=\displaystyle\int_0^2\sin y^2\,dy\int_1^{y+1}dx=\dfrac{1-\cos 4}{2}$.

9. (1) "在原点的切线平行于 $2x+y-3=0$" $\Rightarrow f'(x)\Big|_{x=0}=(3ax^2+b)\Big|_{x=0}=-2\Rightarrow b=-2$.

(2) "$f(x)$ 在 $x=1$ 处取得极值"（连续、可导）$\Rightarrow f'(x)\Big|_{x=1}=(3ax^2+b)\Big|_{x=1}=0\Rightarrow a=\dfrac{2}{3}$,

所以 $f'(x)=2x^2-2\Rightarrow y=f(x)=\displaystyle\int(2x^2-2)dx=\dfrac{2}{3}x^3-2x+C$，由于 $y(0)=0$，得 $y=\dfrac{2}{3}x^3-2x$.

10. 令 $u=x^2$, $v=\dfrac{x}{y}$，则 $z=f(u,v)$, $\dfrac{\partial z}{\partial x}=f'_u(u,v)2x+f'_v(u,v)\dfrac{1}{y}$；$\dfrac{\partial^2 z}{\partial x\partial y}=[f'_u(u,v)\cdot 2x]'_y+\left[f'_v(u,v)\cdot\dfrac{1}{y}\right]'_y=-\dfrac{1}{y^3}[2x^2yf''_{uv}(u,v)+xf''_{vv}(u,v)+yf'_v(u,v)]$.

计算专题二

1. $\dfrac{3}{2}$

2. 1

3. $\dfrac{\partial z}{\partial x}=\dfrac{1}{\sqrt{x^2+y^2}}$；$\dfrac{\partial^2 z}{\partial x\partial y}=-\dfrac{y}{(x^2+y^2)^{\frac{3}{2}}}$.

4. 令 $t=x-1$，则 $x=2$ 时，$t=1$；$x=0$ 时，$t=-1$，所以 $\displaystyle\int_0^2 f(x-1)dx=\int_{-1}^0\dfrac{1}{1+e^x}dx+\int_0^1\dfrac{1}{1+x}dx=1+\ln(1+e^{-1})$.

5. 原式 $=\displaystyle\int_0^{\frac{\sqrt{2}}{2}}dy\int_y^{\sqrt{1-y^2}}\sqrt{x^2+y^2}\,dx=\int_0^{\frac{\pi}{4}}d\theta\int_0^1 r\cdot r\,dr=\dfrac{\pi}{12}$.

6. $y=e^{\sin x}(x+1)$

7. $\dfrac{1}{4}(\arcsin x^2)^2+C$

8. (1) $k=e$. (2) $f'(x)=\begin{cases}(1+x)^{\frac{1}{x}}\left[\dfrac{1}{x(1+x)}-\dfrac{\ln(1+x)}{x^2}\right], & x\neq 0,\\ -\dfrac{1}{2}e, & x=0.\end{cases}$

计算专题三

1. 原式 $= \lim\limits_{x\to 0}\left[(1+x^2)^{\frac{1}{x^2}}\right]^{x^2 \cdot \frac{1}{1-\cos x}} = \lim\limits_{x\to 0} e^{\frac{x^2}{\frac{1}{2}x^2}} = e^2.$

2. $dz = \dfrac{1}{y}\sec^2\dfrac{x}{y}dx - \dfrac{x}{y^2}\sec^2\dfrac{x}{y}dy.$

3. 原式 $= \dfrac{1}{2}x^2\left(\ln x - \dfrac{1}{2}\right) + C.$

4. 原式 $= \displaystyle\int_{-\frac{\pi}{2}}^{0}\dfrac{-\sin\theta}{1+\cos^2\theta}d\theta + \int_{0}^{\frac{\pi}{2}}\dfrac{\sin\theta}{1+\cos^2\theta}d\theta = \dfrac{\pi}{2}.$

5. $y = x(e^x + C).$

6. $\dfrac{d^2 y}{dx^2} = \dfrac{-2}{e^t(\sin t + \cos t)^3}.$

7. $x=1$ 是 $f(x) = \dfrac{\sin(x-1)}{|x-1|}$ 的间断点，$\lim\limits_{x\to 1^-}\dfrac{\sin(x-1)}{1-x} = -1$，$\lim\limits_{x\to 1^+}\dfrac{\sin(x-1)}{x-1} = 1$，所以 $x=1$ 是 $f(x) = \dfrac{\sin(x-1)}{|x-1|}$ 的第 I 类跳跃间断点.

8. $\displaystyle\iint_D (1-\sqrt{x^2+y^2})dxdy = \int_0^{\frac{\pi}{2}}d\theta\int_0^{2\cos\theta}(1-r)rdr = \dfrac{\pi}{2} - \dfrac{16}{9}.$

计算专题四

1. 间断点为 $k\pi, k\in \mathbf{Z}$，当 $x=0$ 时，$\lim\limits_{x\to 0}f(x) = \lim\limits_{x\to 0}\dfrac{x}{\sin x} = 1$，为可去间断点；当 $x=k\pi, k\neq 0$，因 $\lim\limits_{x\to k\pi}\dfrac{x}{\sin x} = \infty$，为第 II 类间断点.

2. 原式 $= \lim\limits_{x\to 0}\dfrac{\int_0^x(\tan t - \sin t)dt}{x^2 \times 3x^2} = \lim\limits_{x\to 0}\dfrac{\tan x - \sin x}{12x^3} = \lim\limits_{x\to 0}\dfrac{\tan x(1-\cos x)}{12x^3} = \lim\limits_{x\to 0}\dfrac{x\times \frac{1}{2}x^2}{12x^3} = \dfrac{1}{24}.$

3. 当 $x=0$ 时，代入原方程得 $y(0)=1$，对原方程两边求导得
$$y' - e^y - xe^y y' = 0 \quad (1)$$
对上式再对 x 求导得 $y'' - e^y y' - y' e^y - xe^y(y')^2 - xe^y y'' = 0 \quad (2)$
将 $x=0, y=1$ 代入 (1)、(2) 两式，解得 $y''(0) = 2ey'(0) = 2e^2.$

4. $f(x)$ 的一个原函数为 $\dfrac{e^x}{x}$，则 $\int f(x)dx = \dfrac{e^x}{x} + C$，$f(x) = \left(\dfrac{e^x}{x}\right)' = \dfrac{xe^x - e^x}{x^2}$，$\int xf'(2x)dx = \dfrac{1}{2}\int xf'(2x)d(2x) = \dfrac{1}{2}\int xdf(2x) = \dfrac{1}{2}\left[xf(2x) - \int f(2x)dx\right] = \dfrac{1}{2}xf(2x) - \dfrac{1}{4}\int f(2x)d(2x) = \dfrac{1}{2}xf(2x) - \dfrac{1}{4}\left(\dfrac{e^{2x}}{2x} + C\right) = x\cdot\dfrac{2x-1}{8x^2}e^{2x} - \dfrac{e^{2x}}{8x} + C = \dfrac{x-1}{4x}e^{2x} + C'.$

5. $\displaystyle\int_2^{+\infty}\dfrac{dx}{x\sqrt{x-1}} \xlongequal{t=\sqrt{x-1}} \int_1^{+\infty}\dfrac{2tdt}{(t^2+1)t} = 2\int_1^{+\infty}\dfrac{1}{1+t^2}dt = 2\arctan t\Big|_1^{+\infty} = 2\left(\dfrac{\pi}{2} - \dfrac{\pi}{4}\right) = \dfrac{\pi}{2}.$

6. $\dfrac{\partial z}{\partial x} = f_1' + f_2' \cdot y$；$\dfrac{\partial^2 z}{\partial x\partial y} = f_{11}''(-1) + f_{12}''\cdot x + f_2' + y[f_{21}''(-1) + f_{22}''\cdot x] = f_2' - f_{11}'' + xf_{12}'' - yf_{21}'' + xyf_{22}''.$

7. 如下图所示，

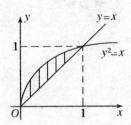

$\iint_D \dfrac{\sin y}{y} d\sigma = \int_0^1 dy \int_{y^2}^y \dfrac{\sin y}{y} dx = \int_0^1 \dfrac{\sin y}{y}(y-y^2) dy = \int_0^1 (1-y)\sin y dy = \int_0^1 (y-1) d(\cos y) =$
$(y-1)\cos y \big|_0^1 - \int_0^1 \cos y dy = 1 - \sin y \big|_0^1 = 1 - \sin 1.$

8. $f(x) = \dfrac{1}{2+x} = \dfrac{1}{4+x-2} = \dfrac{1}{4} \times \dfrac{1}{1+\frac{x-2}{4}} = \dfrac{1}{4} \sum_{n=0}^{\infty} (-1)^n \dfrac{(x-2)^n}{4^n} = \sum_{n=0}^{\infty} \dfrac{(-1)^n}{4^{n+1}}(x-2)^n,$
$|x-2| < 4.$

计算专题五

1. $\lim\limits_{x \to 0} F(x) = \lim\limits_{x \to 0} \dfrac{f(x)}{x} + 2\lim\limits_{x \to 0} \dfrac{\sin x}{x} = f'(0) + 2 = 8,$ 故 $a = 8.$

2. $\dfrac{dy}{dx} = \dfrac{\cos t - \cos t + t\sin t}{-\sin t} = -t;$ $\dfrac{d^2 y}{dx^2} = \dfrac{dy'}{dx} = \dfrac{-dt}{d(\cos t)} = \dfrac{1}{\sin t}.$

3. 原式 $= \int \tan^2 x d\sec x = \int (\sec^2 x - 1) d\sec x = \dfrac{1}{3}\sec^3 x - \sec x + C.$

4. 原式 $= x\arctan x \big|_0^1 - \int_0^1 \dfrac{x dx}{1+x^2} = \dfrac{\pi}{4} - \dfrac{1}{2} \int_0^1 \dfrac{d(1+x^2)}{1+x^2} = \dfrac{\pi}{4} - \dfrac{1}{2} \ln(1+x^2) \big|_0^1 = \dfrac{\pi}{4} - \dfrac{1}{2}\ln 2.$

5. $\dfrac{\partial z}{\partial x} = \cos x f_1';$ $\dfrac{\partial^2 z}{\partial x \partial y} = 2y \cos x f_{12}''.$

6. 设直线上的点 $B(4,-3,0)$，则 $\overrightarrow{AB} = (1,-4,2)$，所求平面法向量为 $\boldsymbol{n}$，直线的方向向量为 $\boldsymbol{s} = (5,2,1)$，由已知 $\boldsymbol{n} \perp \overrightarrow{AB}, \boldsymbol{n} \perp \boldsymbol{s}$，所以，取 $\boldsymbol{n} = \overrightarrow{AB} \times \boldsymbol{s} = (1,-4,2) \times (5,2,1) = (-8,9,22)$，则所求平面方程为 $-8(x-3) + 9(y-1) + 22(z+2) = 0$，即 $8x - 9y - 22z - 59 = 0.$

7. $f(x) = \dfrac{x^2}{(1-x)(2+x)} = \dfrac{x^2}{3}\left(\dfrac{1}{1-x} + \dfrac{1}{2+x}\right) = \dfrac{x^2}{3}\left[\dfrac{1}{1-x} + \dfrac{1}{2(1+\frac{x}{2})}\right] =$
$\dfrac{x^2}{3}\left[\sum_{n=0}^{+\infty} x^n + \dfrac{1}{2}\sum_{n=0}^{+\infty}(-1)^n \left(\dfrac{x}{2}\right)^n\right] = \dfrac{1}{3}\sum_{n=0}^{+\infty}\left[1 + (-1)^n \dfrac{1}{2^{n+1}}\right]x^{n+2}, x \in (-1,1).$

8. $y' + \dfrac{1}{x} y = \dfrac{1}{x} e^x,$

$y = e^{-\int \frac{1}{x} dx}\left(\int \dfrac{1}{x} e^x e^{\int \frac{1}{x} dx} dx + C\right) = \dfrac{1}{x}(e^x + C).$

由 $y|_{x=1} = e$，得 $C = 0$

特解：$y = \dfrac{1}{x} e^x.$

计算专题六

1. 这是 $\dfrac{0}{0}$ 型未定式，$\lim\limits_{x \to 1} \dfrac{\sqrt[3]{x}-1}{\sqrt{x}-1} = \lim\limits_{x \to 1} \dfrac{\frac{1}{3}x^{-\frac{2}{3}}}{\frac{1}{2}x^{-\frac{1}{2}}} = \dfrac{2}{3}.$

2. $\dfrac{dy}{dt}=1-\dfrac{1}{1+t^2}=\dfrac{t^2}{1+t^2}$, $\dfrac{dx}{dt}=\dfrac{2t}{1+t^2}$, 则 $\dfrac{dy}{dx}=\dfrac{t}{2}$; $\dfrac{d^2y}{dx^2}=\dfrac{\dfrac{d\left(\dfrac{t}{2}\right)}{dt}}{\dfrac{dx}{dt}}=\dfrac{1}{2}\times\dfrac{1+t^2}{2t}=\dfrac{1+t^2}{4t}$.

3. $\displaystyle\int\dfrac{\sqrt{1+\ln x}}{x}dx=\int\sqrt{1+\ln x}\,d\ln x=\dfrac{2}{3}(1+\ln x)^{\frac{3}{2}}+C$.

4. $\displaystyle\int_0^{\frac{\pi}{2}}x^2\cos x\,dx=(x^2\sin x)\Big|_0^{\frac{\pi}{2}}-2\int_0^{\frac{\pi}{2}}x\sin x\,dx=\dfrac{\pi^2}{4}-2\left[(-x\cos x)\Big|_0^{\frac{\pi}{2}}+\int_0^{\frac{\pi}{2}}\cos x\,dx\right]=\dfrac{\pi^2}{4}-2\sin x\Big|_0^{\frac{\pi}{2}}=\dfrac{\pi^2}{4}-2$.

5. 这是齐次方程,令 $p=\dfrac{y}{x}$,则

原方程化为:$xp'=-p^2$.

分离变量:$-\dfrac{dp}{p^2}=\dfrac{dx}{x}$,得 $\dfrac{1}{p}=\ln|x|+C$.

通解为 $y=xp=\dfrac{x}{C+\ln|x|}$.

6. 因为 $\ln(1+x)=\displaystyle\sum_{n=1}^{\infty}\dfrac{(-1)^{n-1}}{n}x^n$ ($|x|<1$),

所以 $x\ln(1+x)=x\displaystyle\sum_{n=1}^{\infty}\dfrac{(-1)^{n-1}}{n}x^n=\displaystyle\sum_{n=1}^{\infty}\dfrac{(-1)^{n-1}}{n}x^{n+1}$ ($|x|<1$).

7. 所求直线的方向向量:

$$\boldsymbol{s}=\begin{vmatrix}\boldsymbol{i}&\boldsymbol{j}&\boldsymbol{k}\\1&-1&1\\4&-3&1\end{vmatrix}=2\boldsymbol{i}+3\boldsymbol{j}+\boldsymbol{k},$$

故直线方程为 $\dfrac{x-3}{2}=\dfrac{y-1}{3}=\dfrac{z+2}{1}$.

8. $\dfrac{\partial z}{\partial y}=x^2 f_2'$; $\dfrac{\partial^2 z}{\partial y\partial x}=2xf_2'+x^2(2xf_{21}''+yf_{22}'')$.

计算专题七

1. $\displaystyle\lim_{x\to 0}\dfrac{e^x-x-1}{x\tan x}=\lim_{x\to 0}\dfrac{e^x-x-1}{x^2}=\lim_{x\to 0}\dfrac{e^x-1}{2x}=\lim_{x\to 0}\dfrac{e^x}{2}=\dfrac{1}{2}$.

2. 方程 $e^x-e^y=xy$ 两边对 x 求导数得 $e^x-e^y y'=y+xy'$,所以 $\dfrac{dy}{dx}=y'=\dfrac{e^x-y}{e^y+x}$.

又当 $x=0$ 时,$y=0$,故 $\dfrac{dy}{dx}\bigg|_{x=0}=\dfrac{e^x-y}{e^y+x}\bigg|_{\substack{x=0\\y=0}}=1$,$\dfrac{d^2y}{dx^2}=\dfrac{(e^x-y')(e^y+x)-(e^x-y)(e^y y'+1)}{(e^y+x)^2}$.

将 $x=0$,$y=0$,$y'(0)=1$ 代入上式得,$\dfrac{d^2y}{dx^2}\bigg|_{x=0}=-2$.

3. $\displaystyle\int x^2 e^{-x}dx=-\int x^2 d(e^{-x})=-x^2 e^{-x}+2\int xe^{-x}dx=-x^2 e^{-x}-2\int x d(e^{-x})=-x^2 e^{-x}-2xe^{-x}+2\int e^{-x}dx=-x^2 e^{-x}-2xe^{-x}-2e^{-x}+C$.

4. 令 $x=\sin t$,则 $\displaystyle\int_{\frac{\sqrt{2}}{2}}^{1}\dfrac{\sqrt{1-x^2}}{x^2}dx=\int_{\frac{\pi}{4}}^{\frac{\pi}{2}}\dfrac{\cos^2 t}{\sin^2 t}dt=\int_{\frac{\pi}{4}}^{\frac{\pi}{2}}\cot^2 t\,dt=\int_{\frac{\pi}{4}}^{\frac{\pi}{2}}(\csc^2 t-1)dt=-[\cot t]_{\frac{\pi}{4}}^{\frac{\pi}{2}}-\dfrac{\pi}{4}=1-\dfrac{\pi}{4}$.

5. $\frac{\partial z}{\partial x}=2f_1'+yf_2'$, $\frac{\partial^2 z}{\partial x\partial y}=2(f_{11}''\cdot 3+f_{12}''\cdot x)+f_2'+y(f_{21}''\cdot 3+f_{22}''\cdot x)=6f_{11}''+(2x+3y)f_{12}''+xyf_{22}''+f_2'$.

6. 解法一　原方程可化为 $y'-\frac{1}{x}y=2\,007x$，相应的齐次方程 $y'-\frac{1}{x}y=0$ 的通解为 $y=Cx$. 可设原方程的通解为 $y=C(x)x$，将其代入原方程得 $C'(x)x+C(x)-C(x)=2\,007x$，所以 $C'(x)=2\,007$，从而 $C(x)=2\,007x+C$，故原方程的通解为 $y=(2\,007x+C)x$. 又 $y(1)=2\,008$，所以 $C=1$，于是所求特解为 $y=(2\,007x+1)x$.

解法二　原方程可化为 $y'-\frac{1}{x}y=2\,007x$. 令 $P(x)=-\frac{1}{x}$, $Q(x)=2\,007x$，则原方程的通解为

$$y=\mathrm{e}^{-\int P(x)\mathrm{d}x}\left[\int Q(x)\mathrm{e}^{\int P(x)\mathrm{d}x}\mathrm{d}x+C\right]=\mathrm{e}^{-\int(-\frac{1}{x})\mathrm{d}x}\left[\int 2\,007x\mathrm{e}^{\int(-\frac{1}{x})\mathrm{d}x}\mathrm{d}x+C\right]$$

$$=\mathrm{e}^{\ln x}\left[\int 2\,007x\mathrm{e}^{-\ln x}\mathrm{d}x+C\right]=x\left[\int 2\,007\mathrm{d}x+C\right]=x(2\,007x+C).$$

又 $y(1)=2\,008$，所以 $C=1$. 于是所求特解为 $y=x(2\,007x+1)$.

7. 由题意，所求平面的法向量可取为

$$\boldsymbol{n}=(1,1,1)\times(2,-1,1)=\begin{vmatrix}\boldsymbol{i}&\boldsymbol{j}&\boldsymbol{k}\\1&1&1\\2&-1&1\end{vmatrix}=(2,1,-3).$$

故所求平面方程为 $2(x-1)+(y-2)-3(z-3)=0$，即 $2x+y-3z+5=0$.

8. $\iint_D\sqrt{x^2+y^2}\mathrm{d}x\mathrm{d}y=\iint_D\rho^2\mathrm{d}\rho\mathrm{d}\theta=\int_0^{\frac{\pi}{2}}\mathrm{d}\theta\int_0^{2\cos\theta}\rho^2\mathrm{d}\rho=\frac{8}{3}\int_0^{\frac{\pi}{2}}\cos^3\theta\mathrm{d}\theta=\frac{16}{9}$.

计算专题八

1. $\lim_{x\to\infty}\left(\frac{x-2}{x}\right)^{3x}=\lim_{x\to\infty}\left(1-\frac{2}{x}\right)^{3x}=\lim_{x\to\infty}\left(1-\frac{2}{x}\right)^{-\frac{x}{2}\times(-6)}$，令 $y=-\frac{x}{2}$，那么 $\lim_{x\to\infty}\left(\frac{x-2}{x}\right)^{3x}=\lim_{y\to\infty}\left(1+\frac{1}{y}\right)^{-y\times 6}=\frac{1}{\mathrm{e}^6}$.

2. $y'(t)=\sin t$, $x'(t)=1-\cos t$, $y''(t)=\cos t$, $x''(t)=\sin t$.
$\frac{\mathrm{d}y}{\mathrm{d}x}=\frac{y'(t)}{x'(t)}=\frac{\sin t}{1-\cos t}$, $\frac{\mathrm{d}^2 y}{\mathrm{d}x^2}=\frac{y''(t)x'(t)-y'(t)x''(t)}{[x'(t)]^3}=\frac{-1}{(1-\cos t)^2}$.

3. $\int\frac{x^3}{x+1}\mathrm{d}x=\int\frac{x^3+1}{x+1}\mathrm{d}x-\int\frac{\mathrm{d}(x+1)}{x+1}\mathrm{d}x=\int(x^2-x+1)\mathrm{d}x-\ln|x+1|+C=\frac{x^3}{3}-\frac{x^2}{2}+x-\ln|x+1|+C$.

4. $\int_0^1\mathrm{e}^{x^{\frac{1}{2}}}\mathrm{d}x=\int_0^1\mathrm{e}^{x^{\frac{1}{2}}}\mathrm{d}(x^{\frac{1}{2}})^2=2\int_0^1\mathrm{e}^{x^{\frac{1}{2}}}\cdot x^{\frac{1}{2}}\mathrm{d}x^{\frac{1}{2}}=2\left(x^{\frac{1}{2}}\mathrm{e}^{x^{\frac{1}{2}}}\Big|_0^1-\int_0^1\mathrm{e}^{x^{\frac{1}{2}}}\mathrm{d}x^{\frac{1}{2}}\right)=2\mathrm{e}-2\int_0^1\mathrm{e}^{x^{\frac{1}{2}}}\cdot\mathrm{d}x^{\frac{1}{2}}=2\mathrm{e}-2\mathrm{e}^{x^{\frac{1}{2}}}\Big|_0^1=2\mathrm{e}-2\mathrm{e}+2=2$.

5. 由题意平面 π 的方程为 $\frac{x}{2}+\frac{y}{3}+\frac{z}{5}=1$，又因为该直线过 $P(1,2,1)$，故 $\frac{x-1}{\frac{1}{2}}=\frac{y-2}{\frac{1}{3}}=\frac{z-1}{\frac{1}{5}}\Rightarrow\frac{x-1}{15}=\frac{y-2}{10}=\frac{z-1}{6}$.

6. $\frac{\partial z}{\partial x}=f_1'-\frac{y}{x^2}f_2'$.

$\frac{\partial^2 z}{\partial x\partial y}=f_{11}''+\frac{1}{x}f_{12}''-\frac{1}{x^2}f_2'-\frac{y}{x^2}\left(f_{21}''+\frac{1}{x}f_{22}''\right)=f_{11}''+\frac{1}{x}f_{12}''-\frac{1}{x^2}f_2'-\frac{y}{x^2}f_{21}''-\frac{y}{x^3}f_{22}''$.

7. $\iint\limits_{D} x^2 dx dy = \int_0^1 dx \int_0^x x^2 dy + \int_1^2 dx \int_0^{\frac{1}{x}} x^2 dy = \int_0^1 x^3 dx + \int_1^2 x dx = \dfrac{x^4}{4}\Big|_0^1 + \dfrac{x^2}{2}\Big|_1^2 = \dfrac{1}{4} + \dfrac{3}{2} = \dfrac{7}{4}.$

8. 积分因子为 $\mu(x) = e^{\int \frac{-2}{x} dx} = e^{\ln|x|^{-2}} = \dfrac{1}{x^2}.$

化简原方程 $xy' = 2y + x^2$ 为 $\dfrac{dy}{dx} - \dfrac{2y}{x} = x.$

在方程两边同时乘以积分因子 $\dfrac{1}{x^2}$,得到 $\dfrac{dy}{x^2 dx} - \dfrac{2y}{x^3} = \dfrac{1}{x}.$

化简得: $\dfrac{d(x^{-2} y)}{dx} = \dfrac{1}{x}.$

等式两边积分即得到通解 $\int \dfrac{d(x^{-2} y)}{dx} = \int \dfrac{1}{x} dx.$

故通解为 $y = x^2 \ln|x| + Cx^2.$

计算专题九

1. $\lim\limits_{x \to 0} \dfrac{x^3}{x - \sin x} = \lim\limits_{x \to 0} \dfrac{3x^2}{1 - \cos x} = \lim\limits_{x \to 0} \dfrac{6x}{\sin x} = 6.$

2. $\dfrac{dy}{dx} = \dfrac{\frac{dy}{dt}}{\frac{dx}{dt}} = \dfrac{2t + 2}{\frac{1}{1+t}} = 2(1+t)^2$; $\dfrac{d^2 y}{dx^2} = \dfrac{[2(1+t)^2]'_t}{\frac{dx}{dt}} = \dfrac{4(1+t)}{\frac{1}{1+t}} = 4(1+t)^2.$

3. 令 $\sqrt{2x+1} = t$,则 $x = \dfrac{1}{2}(t^2 - 1), dx = t dt.$ 于是 $\int \sin \sqrt{2x+1} dx = \int t \sin t dt = -\int t d(\cos t) = -t \cos t + \int \cos t dt = -t \cos t + \sin t + C = -\sqrt{2x+1} \cos \sqrt{2x+1} + \sin \sqrt{2x+1} + C.$

4. 令 $x = \sqrt{2} \sin t$,则 $\int_0^1 \dfrac{x^2}{\sqrt{2 - x^2}} dx = \int_0^{\frac{\pi}{4}} 2 \sin^2 t dt = \int_0^{\frac{\pi}{4}} (1 - \cos 2t) dt = \left[t - \dfrac{1}{2} \sin 2t \right]_0^{\frac{\pi}{4}} = \dfrac{\pi}{4} - \dfrac{1}{2}.$

5. 已知直线的方向向量为 $s_0 = (3, 2, 1).$ 已知平面的法向量为 $n_0 = (1, 1, 1).$ 由题意,所求平面的法向量可取为 $n = s_0 \times n_0 = (3, 2, 1) \times (1, 1, 1) = \begin{vmatrix} i & j & k \\ 3 & 2 & 1 \\ 1 & 1 & 1 \end{vmatrix} = (1, -2, 1).$ 又显然点 $(0, 1, 2)$ 在所求平面上,故所求平面方程为 $1(x - 0) + (-2)(y - 1) + 1(z - 2) = 0,$ 即 $x - 2y + z = 0.$

6. 解法一 $\iint\limits_{D} y dx dy = \iint\limits_{D} \rho^2 \sin \theta d\rho d\theta = \int_{\frac{\pi}{4}}^{\frac{\pi}{2}} \sin \theta d\theta \int_{\sqrt{2}}^{\frac{2}{\sin \theta}} \rho^2 d\rho = \dfrac{1}{3} \int_{\frac{\pi}{4}}^{\frac{\pi}{2}} (8 \csc^2 \theta - 2\sqrt{2} \sin \theta) d\theta = \dfrac{1}{3} \left[-8 \cot \theta + 2\sqrt{2} \cos \theta \right]_{\frac{\pi}{4}}^{\frac{\pi}{2}} = 2.$

解法二 $\iint\limits_{D} y dx dy = \int_0^1 dx \int_{\sqrt{2 - x^2}}^2 y dy + \int_1^2 dx \int_x^2 y dy = \int_0^1 \left(1 + \dfrac{x^2}{2}\right) dx + \int_1^2 \left(2 - \dfrac{x^2}{2}\right) dx = \left[x + \dfrac{x^3}{6} \right]_0^1 + \left[2x - \dfrac{x^3}{6} \right]_1^2 = 2.$

7. $\dfrac{\partial z}{\partial x} = f'_1 \cdot \cos x + f'_2 \cdot y, \dfrac{\partial^2 z}{\partial x \partial y} = (f''_{11} \cdot 0 + f''_{12} \cdot x) \cdot \cos x + (f''_{21} \cdot 0 + f''_{22} \cdot x) \cdot y + f'_2 = x \cos x \cdot f''_{12} + xy f''_{22} + f'_2.$

8. 解法一 特征方程为 $r^2 - r = 0,$ 特征根为 $r_1 = 0, r_2 = 1.$ 相应的齐次方程 $y'' - y' = 0$ 的通解为 $Y = C_1 + C_2 e^x.$ 自由项 $f(x) = x$ 属于 $P_m(x) e^{\lambda x}$ 型 $(m = 1, \lambda = 0).$ 由于 $\lambda = 0$ 是特征方程的单根,故可设原方程的一个特解为 $y^* = x(ax + b) = ax^2 + bx.$ 将 y^* 代入原方程得, $a = -\dfrac{1}{2}, b = -1.$ 于是, $y^* = -\dfrac{1}{2} x^2 - x.$ 故原

方程的通解为 $y=C_1+C_2\mathrm{e}^x-\frac{1}{2}x^2-x$.

解法二 令 $y'=p$，则 $y''=\frac{\mathrm{d}p}{\mathrm{d}x}=p'$. 于是原方程可化为 $p'-p=x$. 这是一阶线性方程（$P(x)=-1$，$Q(x)=x$），其通解为 $p=\mathrm{e}^{-\int P(x)\mathrm{d}x}\left[\int Q(x)\mathrm{e}^{\int P(x)\mathrm{d}x}\mathrm{d}x+C_1\right]=\mathrm{e}^{-\int(-1)\mathrm{d}x}\left[\int x\mathrm{e}^{\int(-1)\mathrm{d}x}\mathrm{d}x+C_1\right]=\mathrm{e}^x\left[\int x\mathrm{e}^{-x}\mathrm{d}x+C_1\right]=\mathrm{e}^x(-x\mathrm{e}^{-x}-\mathrm{e}^{-x}+C_1)=-x-1+C_1\mathrm{e}^x$. 代回原变量得 $y'=-x-1+C_1\mathrm{e}^x$，上式积分得，原方程的通解为 $y=-\frac{1}{2}x^2-x+C_1\mathrm{e}^x+C_2$.

计算专题十

1. $\lim\limits_{x\to 0}\left(\frac{1}{x\tan x}-\frac{1}{x^2}\right)=\lim\limits_{x\to 0}\frac{x-\tan x}{x^2\tan x}=\lim\limits_{x\to 0}\frac{x-\tan x}{x^3}=\lim\limits_{x\to 0}\frac{1-\sec^2 x}{3x^2}=\lim\limits_{x\to 0}\frac{-\tan^2 x}{3x^2}=\lim\limits_{x\to 0}\frac{-x^2}{3x^2}=-\frac{1}{3}$.

2. 方程两边对 x 求导得，$y'+\mathrm{e}^{x+y}(1+y')=2$.

解得，$\frac{\mathrm{d}y}{\mathrm{d}x}=y'=\frac{2-\mathrm{e}^{x+y}}{1+\mathrm{e}^{x+y}}$.

$\frac{\mathrm{d}^2 y}{\mathrm{d}x^2}=\frac{-\mathrm{e}^{x+y}(1+y')(1+\mathrm{e}^{x+y})-(2-\mathrm{e}^{x+y})\mathrm{e}^{x+y}(1+y')}{(1+\mathrm{e}^{x+y})^2}=\frac{-3\mathrm{e}^{x+y}(1+y')}{(1+\mathrm{e}^{x+y})^2}=\frac{-3\mathrm{e}^{x+y}\left(1+\frac{2-\mathrm{e}^{x+y}}{1+\mathrm{e}^{x+y}}\right)}{(1+\mathrm{e}^{x+y})^2}=\frac{-9\mathrm{e}^{x+y}}{(1+\mathrm{e}^{x+y})^3}$.

3. $\int x\arctan x\,\mathrm{d}x=\int\arctan x\,\mathrm{d}\left(\frac{x^2}{2}\right)=\frac{x^2}{2}\arctan x-\int\frac{x^2}{2}\mathrm{d}(\arctan x)$

$=\frac{x^2}{2}\arctan x-\frac{1}{2}\int\frac{x^2}{1+x^2}\mathrm{d}x$

$=\frac{x^2}{2}\arctan x-\frac{1}{2}\int\left(1-\frac{1}{1+x^2}\right)\mathrm{d}x$

$=\frac{x^2}{2}\arctan x-\frac{1}{2}x+\frac{1}{2}\arctan x+C$.

4. 令 $\sqrt{2x+1}=t$，则 $x=\frac{1}{2}(t^2-1)$，$\mathrm{d}x=t\mathrm{d}t$，于是，$\int_0^4\frac{x+3}{\sqrt{2x+1}}\mathrm{d}x=\int_1^3\frac{\frac{t^2+5}{2}}{t}t\mathrm{d}t=\frac{1}{2}\int_1^3(t^2+5)\mathrm{d}t=\frac{1}{2}\left[\frac{1}{3}t^3+5t\right]_1^3=\frac{28}{3}$.

5. 已知直线的方向向量为 $\boldsymbol{s}_0=(1,2,3)$，已知平面的法向量为 $\boldsymbol{n}_0=(2,0,-1)$. 由题意，所求直线的方向向量可取为

$$\boldsymbol{s}=\boldsymbol{s}_0\times\boldsymbol{n}_0=(1,2,3)\times(2,0,-1)=\begin{vmatrix}\boldsymbol{i}&\boldsymbol{j}&\boldsymbol{k}\\1&2&3\\2&0&-1\end{vmatrix}=(-2,7,-4).$$

故所求直线方程为

$\frac{x-1}{-2}=\frac{y-1}{7}=\frac{z-1}{-4}$.

6. $\frac{\partial z}{\partial x}=y^2(f_1'\cdot y+f_2'\cdot\mathrm{e}^x)=y^3 f_1'+y^2\mathrm{e}^x f_2'$;

$\frac{\partial^2 z}{\partial x\partial y}=3y^2 f_1'+y^3(f_{11}''\cdot x+f_{12}''\times 0)+2y\mathrm{e}^x f_2'+y^2\mathrm{e}^x(f_{21}''\cdot x+f_{22}''\times 0)=3y^2 f_1'+2y\mathrm{e}^x f_2'+xy^3 f_{11}''+xy^2\mathrm{e}^x f_{21}''$.

7. **解法一** $\iint\limits_{D}x\mathrm{d}x\mathrm{d}y=\iint\limits_{D}\rho^2\cos\theta\mathrm{d}\rho\mathrm{d}\theta=\int_0^{\frac{\pi}{4}}\cos\theta\mathrm{d}\theta\int_0^1\rho^2\mathrm{d}\rho=[\sin\theta]_0^{\frac{\pi}{4}}\left[\frac{1}{3}\rho^3\right]_0^1=\frac{\sqrt{2}}{6}$.

解法二 $\iint\limits_{D} x\mathrm{d}x\mathrm{d}y = \int_0^{\frac{\sqrt{2}}{2}} \mathrm{d}y \int_y^{\sqrt{1-y^2}} x\mathrm{d}x = \frac{1}{2}\int_0^{\frac{\sqrt{2}}{2}}(1-2y^2)\mathrm{d}y = \frac{1}{2}\left[y-\frac{2}{3}y^3\right]_0^{\frac{\sqrt{2}}{2}} = \frac{\sqrt{2}}{6}$.

8. (1) 由题设知特征方程的根为 $r_1=1, r_2=-2$, 从而特征方程为 $r^2+r-2=0$. 故 $p=1, q=-2$.

(2) 相应的齐次方程 $y''+y'-2y=0$ 的通解为 $Y=C_1\mathrm{e}^x+C_2\mathrm{e}^{-2x}$.

自由项 $f(x)=\mathrm{e}^x$ 属于 $P_m(x)\mathrm{e}^{\lambda x}$ 型 $(m=0, \lambda=1)$. 由于 $\lambda=1$ 是特征方程的单根, 故可设原方程的一个特解为 $y^*=ax\mathrm{e}^x$.

将 y^* 代入原方程得, $a=\frac{1}{3}$. 于是, $y^*=\frac{1}{3}x\mathrm{e}^x$.

故原方程的通解为 $y=C_1\mathrm{e}^x+C_2\mathrm{e}^{-2x}+\frac{1}{3}x\mathrm{e}^x$.

计算专题十一

1. $\lim\limits_{x\to 0}\dfrac{(\mathrm{e}^x-\mathrm{e}^{-x})^2}{\ln(1+x^2)} = \lim\limits_{x\to 0}\dfrac{(\mathrm{e}^x-\mathrm{e}^{-x})^2}{x^2} = \lim\limits_{x\to 0}\dfrac{2(\mathrm{e}^x-\mathrm{e}^{-x})(\mathrm{e}^x+\mathrm{e}^{-x})}{2x} = \lim\limits_{x\to 0}\dfrac{\mathrm{e}^{2x}-\mathrm{e}^{-2x}}{x} = \lim\limits_{x\to 0}\dfrac{2\mathrm{e}^{2x}+2\mathrm{e}^{-2x}}{1} = 4$.

2. 由 $x=t^2+t$, 得 $\dfrac{\mathrm{d}x}{\mathrm{d}t}=2t+1$.

方程 $\mathrm{e}^y+y=t^2$ 两边对 t 求导得

$$\mathrm{e}^y\dfrac{\mathrm{d}y}{\mathrm{d}t}+\dfrac{\mathrm{d}y}{\mathrm{d}t}=2t,$$

解得 $\dfrac{\mathrm{d}y}{\mathrm{d}t}=\dfrac{2t}{\mathrm{e}^y+1}$.

故 $\dfrac{\mathrm{d}y}{\mathrm{d}x}=\dfrac{\frac{\mathrm{d}y}{\mathrm{d}t}}{\frac{\mathrm{d}x}{\mathrm{d}t}}=\dfrac{\frac{2t}{\mathrm{e}^y+1}}{2t+1}=\dfrac{2t}{(2t+1)(\mathrm{e}^y+1)}$.

3. 解法一 $f(x)=(x^2\sin x)'=2x\sin x+x^2\cos x$.

$\int\dfrac{f(x)}{x}\mathrm{d}x = \int(2\sin x+x\cos x)\mathrm{d}x = -2\cos x+\int x\mathrm{d}(\sin x) = -2\cos x+x\sin x-\int\sin x\mathrm{d}x = -2\cos x+x\sin x+\cos x+C = x\sin x-\cos x+C$.

解法二 $\int\dfrac{f(x)}{x}\mathrm{d}x = \int\dfrac{1}{x}\mathrm{d}(x^2\sin x) = x\sin x+\int\sin x\mathrm{d}x = x\sin x-\cos x+C$.

4. 解法一 令 $\sqrt{x+1}=t$, 则 $x=t^2-1, \mathrm{d}x=2t\mathrm{d}t$.

于是, $\int_0^3\dfrac{x}{1+\sqrt{x+1}}\mathrm{d}x = \int_1^2\dfrac{t^2-1}{1+t}2t\mathrm{d}t = 2\int_1^2(t^2-t)\mathrm{d}t = 2\left[\dfrac{1}{3}t^3-\dfrac{1}{2}t^2\right]_1^2 = \dfrac{5}{3}$.

解法二 $\int_0^3\dfrac{x}{1+\sqrt{x+1}}\mathrm{d}x = \int_0^3(\sqrt{x+1}-1)\mathrm{d}x = \left[\dfrac{2}{3}(x+1)^{\frac{3}{2}}-x\right]_0^3 = \dfrac{5}{3}$.

5. 已知直线的方向向量为 $\boldsymbol{s}_0=(2,3,1)$, 由题意得, 所求平面的法向量可取为

$$\boldsymbol{n}=\boldsymbol{i}\times\boldsymbol{s}_0=(1,0,0)\times(2,3,1)=\begin{vmatrix}\boldsymbol{i}&\boldsymbol{j}&\boldsymbol{k}\\1&0&0\\2&3&1\end{vmatrix}=(0,-1,3).$$

又所求平面过原点, 故所求平面方程为 $y-3z=0$.

6. $\dfrac{\partial z}{\partial x}=f+x\left[f_1'\cdot\left(-\dfrac{y}{x^2}\right)+f_2'\times 0\right]=f-\dfrac{y}{x}f_1', \dfrac{\partial^2 z}{\partial x\partial y}=f_1'\cdot\dfrac{1}{x}+f_2'-\dfrac{1}{x}f_1'-\dfrac{y}{x}\left(f_{11}''\cdot\dfrac{1}{x}+f_{12}''\right)=f_2'-\dfrac{y}{x^2}f_{11}''-\dfrac{y}{x}f_{12}''$. 或 $\dfrac{\partial z}{\partial y}=f_1'+x\cdot f_2', \dfrac{\partial^2 z}{\partial x\partial y}=f_{11}''\cdot\left(-\dfrac{y}{x^2}\right)+f_2'+x\cdot\left[f_{21}''\cdot\left(-\dfrac{y}{x^2}\right)+f_{22}''\times 0\right]=$

· 159 ·

$-\dfrac{y}{x^2}f''_{11}+f'_2-\dfrac{y}{x}\cdot f''_{21}$.

7. 解法一 $\iint\limits_D y\mathrm{d}x\mathrm{d}y=\int_{-1}^0\mathrm{d}x\int_{-x}^{\sqrt{2-x^2}}y\mathrm{d}y=\int_{-1}^0(1-x^2)\mathrm{d}x=\left[x-\dfrac{1}{3}x^3\right]_{-1}^0=\dfrac{2}{3}$.

解法二 $\iint\limits_D y\mathrm{d}x\mathrm{d}y=\iint\limits_D \rho^2\sin\theta\mathrm{d}\rho\mathrm{d}\theta=\int_{\frac{\pi}{2}}^{\frac{3\pi}{4}}\sin\theta\mathrm{d}\theta\int_0^{\sqrt{2}}\rho^2\mathrm{d}\rho=\left[-\cos\theta\right]_{\frac{\pi}{2}}^{\frac{3\pi}{4}}\left[\dfrac{1}{3}\rho^3\right]_0^{\sqrt{2}}=\dfrac{2}{3}$.

8. 把 $y=(x+1)\mathrm{e}^x$ 代入微分方程 $y'+2y=f(x)$，得 $f(x)=(3x+4)\mathrm{e}^x$.

与微分方程 $y''+3y'+2y=f(x)$ 相应的齐次方程 $y''+3y'+2y=0$ 的特征方程为 $r^2+3r+2=0$，特征根为 $r_1=-1,r_2=-2$，故该齐次方程的通解为 $Y=C_1\mathrm{e}^{-x}+C_2\mathrm{e}^{-2x}$.

自由项 $f(x)=(3x+4)\mathrm{e}^x$ 属于 $P_m(x)\mathrm{e}^{\lambda x}$ 型 $(m=1,\lambda=1)$. 由于 $\lambda=1$ 不是特征方程的根，故可设原方程的一个特解为 $y^*=(ax+b)\mathrm{e}^x$.

将 y^* 代入原方程，得 $\begin{cases}6a=3,\\5a+6b=4,\end{cases}$ 解之得 $\begin{cases}a=\dfrac{1}{2},\\b=\dfrac{1}{4}.\end{cases}$ 于是，$y^*=\left(\dfrac{1}{2}x+\dfrac{1}{4}\right)\mathrm{e}^x$.

故原方程的通解为 $y=C_1\mathrm{e}^{-x}+C_2\mathrm{e}^{-2x}+\left(\dfrac{1}{2}x+\dfrac{1}{4}\right)\mathrm{e}^x$.

计算专题十二

1. $\lim\limits_{x\to 0}\dfrac{x^2+2\cos x-2}{x^3\ln(1+x)}=\lim\limits_{x\to 0}\dfrac{x^2+2\cos x-2}{x^4}=\lim\limits_{x\to 0}\dfrac{x-\sin x}{2x^3}=\lim\limits_{x\to 0}\dfrac{1-\cos x}{6x^2}=\lim\limits_{x\to 0}\dfrac{\frac{1}{2}x^2}{6x^2}=\dfrac{1}{12}$.

2. $\dfrac{\mathrm{d}y}{\mathrm{d}x}=\dfrac{\frac{\mathrm{d}y}{\mathrm{d}t}}{\frac{\mathrm{d}x}{\mathrm{d}t}}=\dfrac{2t+\frac{2}{t}}{1+\frac{1}{t^2}}=2t$；$\dfrac{\mathrm{d}^2y}{\mathrm{d}x^2}=\dfrac{\frac{\mathrm{d}}{\mathrm{d}t}\left(\frac{\mathrm{d}y}{\mathrm{d}x}\right)}{\frac{\mathrm{d}x}{\mathrm{d}t}}=\dfrac{2}{1+\frac{1}{t^2}}=\dfrac{2t^2}{t^2+1}$.

3. $\int\dfrac{2x+1}{\cos^2 x}\mathrm{d}x=\int(2x+1)\mathrm{d}(\tan x)=(2x+1)\tan x-2\int\tan x\mathrm{d}x=(2x+1)\tan x+2\ln|\cos x|+C$.

4. 令 $\sqrt{2x-1}=t$，则 $x=\dfrac{1}{2}(t^2+1)$，$\mathrm{d}x=t\mathrm{d}t$. 于是，$\int_1^2\dfrac{1}{x\sqrt{2x-1}}\mathrm{d}x=2\int_1^{\sqrt{3}}\dfrac{1}{1+t^2}\mathrm{d}t=2[\arctan t]_1^{\sqrt{3}}=\dfrac{\pi}{6}$.

5. 平面 II 的方程为 $3y-2z=0$. 由题意，所求直线的方向向量可取为 $\boldsymbol{s}=\boldsymbol{n}\times\boldsymbol{i}=(0,3,-2)\times(2,1,1)=(5,-4,-6)$，故所求直线方程为 $\dfrac{x-1}{5}=\dfrac{y-1}{-4}=\dfrac{z-1}{-6}$.

6. $\dfrac{\partial z}{\partial x}=f'_1\times 1+f'_2\cdot y+\varphi'\times 2x=f'_1+yf'_2+2x\varphi'$；$\dfrac{\partial^2 z}{\partial x\partial y}=f''_{11}\times 0+f''_{12}\cdot x+f'_2+y[f''_{21}\times 0+f''_{22}\cdot x]+2x\varphi''\times 2y=f'_2+xf''_{12}+xyf''_{22}+4xy\varphi''$.

7. $\varphi(x)=(x\mathrm{e}^x)'=(x+1)\mathrm{e}^x$. 与原方程相应的齐次方程 $y''+4y'+4y=0$ 的特征方程为 $r^2+4r+4=0$，特征根为 $r_1=r_2=-2$，故与原方程相应的齐次方程的通解为 $Y=(C_1+C_2x)\mathrm{e}^{-2x}$. 由于自由项 $f(x)=\mathrm{e}^{-x}\varphi(x)=x+1$ 属于 $P_m(x)\mathrm{e}^{\lambda x}$ 型 $(m=1,\lambda=0)$，而 $\lambda=0$ 不是特征方程的根，故可设原方程的一个特解为 $y^*=ax+b$. 将 y^* 代入原方程得 $\begin{cases}a=\dfrac{1}{4},\\b=0.\end{cases}$ 于是，$y^*=\dfrac{1}{4}x$. 故原方程的通解为 $y=(C_1+C_2x)\mathrm{e}^{-2x}+\dfrac{1}{4}x$.

8. $\iint\limits_{D} y dx dy = \int_0^1 dy \int_{2y}^{y^2+1} y dx = \int_0^1 (y^3+y-2y^2) dy = \left[\frac{1}{4}y^4+\frac{1}{2}y^2-\frac{2}{3}y^3\right]_0^1 = \frac{1}{12}.$

计算专题十三

1. $\lim\limits_{x \to 0}\left[\frac{e^x}{\ln(1+x)}-\frac{1}{x}\right] = \lim\limits_{x \to 0}\frac{xe^x-\ln(1+x)}{x\ln(1+x)}$
$= \lim\limits_{x \to 0}\frac{xe^x-\ln(1+x)}{x^2}$
$= \lim\limits_{x \to 0}\frac{e^x(1+x)-\frac{1}{1+x}}{2x}$
$= \lim\limits_{x \to 0}\frac{e^x(2+x)+\frac{1}{(1+x)^2}}{2}$
$= \frac{3}{2}.$

2. 令 $F(x,y,z) = z^3+3xy-3z-1$, 则
$F'_x = 3y, F'_y = 3x, F'_z = 3z^2-3.$
于是, $\frac{\partial z}{\partial x} = -\frac{F'_x}{F'_z} = -\frac{3y}{3z^2-3} = \frac{y}{1-z^2}, \frac{\partial z}{\partial y} = -\frac{F'_y}{F'_z} = -\frac{3x}{3z^2-3} = \frac{x}{1-z^2},$
$dz = \frac{\partial z}{\partial x}dx+\frac{\partial z}{\partial y}dy = \frac{y}{1-z^2}dx+\frac{x}{1-z^2}dy.$

3. $\int x\sin 2x dx = -\frac{1}{2}\int x d(\cos 2x)$
$= -\frac{1}{2}x\cos 2x+\frac{1}{2}\int \cos 2x dx$
$= -\frac{1}{2}x\cos 2x+\frac{1}{4}\sin 2x+C.$

4. 令 $x=2\sin t$, 则 $dx=2\cos t dt.$
于是, $\int_0^2 \frac{1}{2+\sqrt{4-x^2}}dx = \int_0^{\frac{\pi}{2}} \frac{\cos t}{1+\cos t}dt$
$= \int_0^{\frac{\pi}{2}}\left(1-\frac{1}{2}\sec^2\frac{t}{2}\right)dt$
$= \left[t-\tan\frac{t}{2}\right]_0^{\frac{\pi}{2}}$
$= \frac{\pi}{2}-1.$

5. $\frac{\partial z}{\partial y} = 3e^{2x+3y}f'_2;$

$\frac{\partial^2 z}{\partial y \partial x} = 6e^{2x+3y}f'_2+3e^{2x+3y}(f''_{21}\cdot 2x+f''_{22}\cdot 2e^{2x+3y})$
$= 6e^{2x+3y}f'_2+6e^{2x+3y}(xf''_{21}+e^{2x+3y}f''_{22}).$

6. 由题意, 所求平面的一个法向量可取为
$\boldsymbol{n} = (2,1,-1)\times(-3,1,2) = (3,-1,5).$
又点 $(1,1,1)$ 在所求平面上, 故所求平面方程为
$$3(x-1)-(y-1)+5(z-1) = 0,$$
即 $$3x-y+5z-7 = 0.$$

7. 由题设知, $f(x) = e^x.$

与原方程相应的齐次方程的特征方程为 $r^2-3r+2=0$，特征根为 $r_1=1, r_2=2$.
故与原方程相应的齐次方程的通解为
$$Y=C_1\mathrm{e}^x+C_2\mathrm{e}^{2x}.$$
可设原方程的一个特解为 $y^*=Ax\mathrm{e}^x$.
将 y^* 代入原方程得，$A=-1$. 于是，$y^*=-x\mathrm{e}^x$.
故原方程的通解为 $y=C_1\mathrm{e}^x+C_2\mathrm{e}^{2x}-x\mathrm{e}^x$.

8. 解法一 $\iint\limits_D x\,\mathrm{d}x\mathrm{d}y = \iint\limits_D \rho^2\cos\theta\,\mathrm{d}\rho\mathrm{d}\theta = \int_0^{\frac{\pi}{4}}\mathrm{d}\theta\int_2^{3\sec\theta}\rho^2\cos\theta\,\mathrm{d}\rho$

$$=\int_0^{\frac{\pi}{4}}\left(9\sec^2\theta-\frac{8}{3}\cos\theta\right)\mathrm{d}\theta$$

$$=\left[9\tan\theta-\frac{8}{3}\sin\theta\right]_0^{\frac{\pi}{4}}$$

$$=9-\frac{4}{3}\sqrt{2}.$$

解法二 $\iint\limits_D x\,\mathrm{d}x\mathrm{d}y = \int_{\sqrt{2}}^1 x\,\mathrm{d}x\int_{\sqrt{4-x^2}}^x \mathrm{d}y + \int_2^3 x\,\mathrm{d}x\int_0^x \mathrm{d}y$

$$=\int_{\sqrt{2}}^2(x^2-x\sqrt{4-x^2})\,\mathrm{d}x+\int_2^3 x^2\,\mathrm{d}x$$

$$=\left[\frac{1}{3}x^3+\frac{1}{3}(4-x^2)^{\frac{3}{2}}\right]_{\sqrt{2}}^2+\left[\frac{1}{3}x^3\right]_2^3$$

$$=9-\frac{4}{3}\sqrt{2}.$$

计算专题十四

1. $\lim\limits_{x\to 0}\left(\dfrac{1}{x\arcsin x}-\dfrac{1}{x^2}\right) = \lim\limits_{x\to 0}\dfrac{x-\arcsin x}{x^2\arcsin x}$

$$=\lim_{x\to 0}\frac{x-\arcsin x}{x^3}$$

$$=\lim_{x\to 0}\frac{1-\dfrac{1}{\sqrt{1-x^2}}}{3x^2}$$

$$=\lim_{x\to 0}\frac{\sqrt{1-x^2}-1}{3x^2\sqrt{1-x^2}}$$

$$=\lim_{x\to 0}\frac{-\dfrac{1}{2}x^2}{3x^2\sqrt{1-x^2}}=-\frac{1}{6}.$$

2. 由 $x=(t+1)\mathrm{e}^{2t}$ 得 $\left.\dfrac{\mathrm{d}x}{\mathrm{d}t}\right|_{t=0}=(2t+3)\mathrm{e}^{2t}\big|_{t=0}=3.$

由 $\mathrm{e}^y+ty=\mathrm{e}$ 得 $\left.\dfrac{\mathrm{d}y}{\mathrm{d}t}\right|_{t=0}=-\dfrac{y}{\mathrm{e}^y+t}\bigg|_{\substack{t=0\\y=1}}=-\dfrac{1}{\mathrm{e}}.$

$\left.\dfrac{\mathrm{d}y}{\mathrm{d}x}\right|_{t=0}=\dfrac{\left.\dfrac{\mathrm{d}y}{\mathrm{d}t}\right|_{t=0}}{\left.\dfrac{\mathrm{d}x}{\mathrm{d}t}\right|_{t=0}}=\dfrac{-\dfrac{1}{\mathrm{e}}}{3}=-\dfrac{1}{3\mathrm{e}}.$

3. $\int x\ln^2 x\,\mathrm{d}x = \int \ln^2 x\,\mathrm{d}\left(\dfrac{x^2}{2}\right) = \dfrac{x^2}{2}\ln^2 x - \int x\ln x\,\mathrm{d}x$

$$= \frac{x^2}{2}\ln^2 x - \int \ln x \, d\left(\frac{x^2}{2}\right) = \frac{x^2}{2}\ln^2 x - \frac{x^2}{2}\ln x + \frac{1}{2}\int x \, dx$$

$$= \frac{x^2}{2}\ln^2 x - \frac{x^2}{2}\ln x + \frac{1}{4}x^2 + C.$$

4. 令 $\sqrt{2x-1}=t$,则 $x=\frac{1}{2}(t^2+1)$,$dx=t\,dt$.

$$\int_{\frac{1}{2}}^{\frac{5}{2}} \frac{\sqrt{2x-1}}{2x+3} dx = \int_0^2 \frac{t^2}{t^2+4} dt$$

$$= \int_0^2 \left(1 - \frac{4}{t^2+4}\right) dt$$

$$= \left[t - 2\arctan\frac{t}{2}\right]_0^2 = 2 - \frac{1}{2}\pi.$$

5. **解法一** 所求平面的法向量可取为

$$\vec{n} = \vec{i} \times \overrightarrow{MN} = (1,0,0) \times (1,2,3) = (0,-3,2),$$

所求平面方程为 $0(x-1)-3(y-1)+2(z-1)=0$,即 $3y-2z-1=0$.

解法二 据题意,可设所求平面方程为 $By+Cz+D=0$.

由于所求平面通过点 $M(1,1,1)$ 与 $N(2,3,4)$,故 $\begin{cases} B+C+D=0 \\ 3B+4C+D=0 \end{cases}$,

由此得 $\begin{cases} B=-3D \\ C=2D \end{cases}$.

故所求平面方程为 $3y-2z-1=0$.

6. $\dfrac{\partial z}{\partial x} = \cos x \cdot f_1' + 2x \cdot f_2'$,

$\dfrac{\partial^2 z}{\partial x \partial y} = -2y\cos x f_{12}'' - 4xy f_{22}''.$

7. **解法一** $\iint\limits_D (x+y) \, dx \, dy = \int_{-1}^0 dx \int_{-x}^1 (x+y) \, dy$

$$= \frac{1}{2}\int_{-1}^0 (x+1)^2 \, dx$$

$$= \frac{1}{6}\left[(x+1)^3\right]_{-1}^0 = \frac{1}{6}.$$

解法二 $\iint\limits_D (x+y) \, dx \, dy = \int_0^1 dy \int_{-y}^0 (x+y) \, dx$

$$= \frac{1}{2}\int_0^1 y^2 \, dy$$

$$= \frac{1}{6}\left[y^3\right]_0^1 = \frac{1}{6}.$$

8. 特征方程为 $r^2-2r=0$,特征根为 $r_1=0$,$r_2=2$. 故与原方程相应的齐次方程的通解为

$$Y = C_1 + C_2 e^{2x}.$$

由于自由项 $f(x)=xe^{2x}$,故可设原方程的一个特解为

$$y^* = x(Ax+B)e^{2x} = (Ax^2+Bx)e^{2x},$$

将之代入原方程得 $4Ax+(2A+2B)=x$,由此得 $A=\dfrac{1}{4}$,$B=-\dfrac{1}{4}$.

于是 $$y^* = \left(\frac{1}{4}x^2 - \frac{1}{4}x\right)e^{2x}.$$

因此,原方程的通解为 $y=C_1+C_2 e^{2x}+\left(\dfrac{1}{4}x^2-\dfrac{1}{4}x\right)e^{2x}$.

计算专题十五

1. $\lim\limits_{x\to 0}\dfrac{\int_0^x t\arcsin t\,dt}{2e^x-x^2-2x-2}=\lim\limits_{x\to 0}\dfrac{x\arcsin x}{2e^x-2x-2}$

$=\lim\limits_{x\to 0}\dfrac{x^2}{2e^x-2x-2}$

$=\lim\limits_{x\to 0}\dfrac{2x}{2e^x-2}$

$=\lim\limits_{x\to 0}\dfrac{2x}{2x}=1.$

2. 当 $x\neq 0$ 时,$f'(x)=\left(\dfrac{x-\sin x}{x^2}\right)'=\dfrac{2\sin x-x-x\cos x}{x^3}$;

因为 $\lim\limits_{x\to 0}\dfrac{f(x)-f(0)}{x-0}=\lim\limits_{x\to 0}\dfrac{\dfrac{x-\sin x}{x^2}-0}{x-0}=\lim\limits_{x\to 0}\dfrac{x-\sin x}{x^3}$

$=\lim\limits_{x\to 0}\dfrac{1-\cos x}{3x^2}=\lim\limits_{x\to 0}\dfrac{\dfrac{1}{2}x^2}{3x^2}=\dfrac{1}{6},$

所以 $f'(0)=\dfrac{1}{6}.$

于是,$f'(x)=\begin{cases}\dfrac{2\sin x-x-x\cos x}{x^3}, & x\neq 0,\\ \dfrac{1}{6}, & x=0.\end{cases}$

3. 由 $\begin{cases}\dfrac{x+1}{2}=\dfrac{y-1}{1}=\dfrac{z+2}{5},\\ 3x+2y+z-10=0,\end{cases}$ 解得已知直线与已知平面的交点坐标为 $(1,2,3)$.

由题意,所求直线的方向向量可取为

$$s=(1,-1,2)\times(2,1,-1)=(-1,5,3),$$

故所求直线方程为 $\dfrac{x-1}{-1}=\dfrac{y-2}{5}=\dfrac{z-3}{3}.$

4. **解法一** 令 $x=3\sin t$,则

$$\int\dfrac{x^3}{\sqrt{9-x^2}}dx=27\int\sin^3 t\,dt$$

$$=27\int(\cos^2 t-1)d(\cos t)$$

$$=9\cos^3 t-27\cos t+C$$

$$=\dfrac{1}{3}(\sqrt{9-x^2})^3-9\sqrt{9-x^2}+C.$$

解法二 $\int\dfrac{x^3}{\sqrt{9-x^2}}dx=\int(-x^2)d(\sqrt{9-x^2})=-x^2\sqrt{9-x^2}-\int\sqrt{9-x^2}d(-x^2)$

$$=-x^2\sqrt{9-x^2}-\int\sqrt{9-x^2}d(9-x^2)$$

$$=-x^2\sqrt{9-x^2}-\dfrac{2}{3}(\sqrt{9-x^2})^3+C\text{(两个答案可互相转化)}.$$

5. $\int_{-\frac{\pi}{2}}^{\frac{\pi}{2}} (x^2 + x)\sin x \, dx = 2\int_0^{\frac{\pi}{2}} x\sin x \, dx$

$\qquad = -2\int_0^{\frac{\pi}{2}} x\, d(\cos x) = -2[x\cos x]_0^{\frac{\pi}{2}} + 2\int_0^{\frac{\pi}{2}} \cos x \, dx = 2.$

6. $\dfrac{\partial z}{\partial x} = f_1' \cdot \dfrac{1}{y} + f_2' \cdot \varphi'(x);$

$\dfrac{\partial^2 z}{\partial x \partial y} = -\dfrac{x}{y^3} f_{11}'' - \dfrac{1}{y^2} f_1' - \dfrac{x}{y^2} \varphi'(x) f_{21}''.$

7. 解法一 $\iint_D xy \, dx\, dy = \int_{\sqrt{2}}^{2} dy \int_{\sqrt{4-y^2}}^{y} xy \, dx$

$\qquad\qquad\qquad = \int_{\sqrt{2}}^{2} (y^3 - 2y) \, dy$

$\qquad\qquad\qquad = \left[\dfrac{1}{4} y^4 - y^2\right]_{\sqrt{2}}^{2} = 1.$

解法二 $\iint_D xy \, dx\, dy = \int_{\frac{\pi}{4}}^{\frac{\pi}{2}} d\theta \int_2^{2\csc\theta} \rho^3 \sin\theta \cos\theta \, d\rho$

$\qquad\qquad\qquad = 4\int_{\frac{\pi}{4}}^{\frac{\pi}{2}} (\csc^4\theta - 1)\sin\theta\cos\theta \, d\theta$

$\qquad\qquad\qquad = 4\int_{\frac{\pi}{4}}^{\frac{\pi}{2}} (\sin^{-3}\theta - \sin\theta) d(\sin\theta)$

$\qquad\qquad\qquad = 4\left[-\dfrac{1}{2}\sin^{-2}\theta - \dfrac{1}{2}\sin^2\theta\right]_{\frac{\pi}{4}}^{\frac{\pi}{2}} = 1.$

8. 解法一 由题意,与所求微分方程相应的齐次方程 $y'' + py' + qy = 0$ 的特征方程为

$\qquad\qquad (r-1)(r-2) = 0,$ 即 $r^2 - 3r + 2 = 0,$

故相应的齐次方程为 $\qquad y'' - 3y' + 2y = 0.$

于是所求微分方程可设为 $\qquad y'' - 3y' + 2y = f(x).$

又由题设知, $y = xe^{3x}$ 为原方程的一个特解,故

$\qquad f(x) = (xe^{3x})'' - 3(xe^{3x})' + 2(xe^{3x}) = (2x+3)e^{3x}.$

故所求微分方程为 $\qquad y'' - 3y' + 2y = (2x+3)e^{3x}.$

解法二 由 $y = C_1 e^x + C_2 e^{2x} + xe^{3x},$ 得

$y' = C_1 e^x + 2C_2 e^{2x} + (1+3x)e^{3x};$

$y'' = C_1 e^x + 4C_2 e^{2x} + (6+9x)e^{3x}.$

于是, $\qquad\qquad y'' - 2y' = -C_1 e^x + (4+3x)e^{3x}$ ①

$\qquad\qquad\qquad 2y - y' = C_1 e^x - (1+x)e^{3x}$ ②

将①与②相加,得所求微分方程为

$\qquad\qquad y'' - 3y' + 2y = (2x+3)e^{3x}.$

四、综合题专项练习

综合专题一

1. (1) 由已知条件,可设切线方程: $y = k(x-1),$ 将切线方程与抛物线方程联立,消去 $y,$ 得: $x^2 - \left(2 + \dfrac{1}{k^2}\right)x + \left(1 + \dfrac{2}{k^2}\right) = 0,$ 由于切点是唯一的交点,上述关于 x 的方程必须有重根,即: $\left(2 + \dfrac{1}{k^2}\right)^2 - 4\times\left(1 + \dfrac{2}{k^2}\right) = 0 \Rightarrow k = \pm\dfrac{1}{2}$ (负号舍去),得切线方程为: $y = \dfrac{1}{2}(x-1).$

(2) 解出切点坐标(3,1),沿 y 轴积分,则所求面积: $A=\int_0^1[(y^2+2)-(2y+1)]dy=\frac{1}{3}$.

(3) 该平面图形分别绕 x 轴、y 轴旋转一周的体积: $V_x=\pi\int_1^3\left[\frac{1}{2}(x-1)\right]^2dx-\pi\int_2^3[\sqrt{x-2}]^2dx=\frac{\pi}{6}$; $V_y=\pi\int_0^1[(y^2+2)^2-(2y+1)^2]dy=\frac{6\pi}{5}$.

2. (1) $a=f'(0)$.

(2) 由于 $f(x)$ 具有二阶连续导数,$f(0)=0$,$\lim\limits_{x\to 0}\frac{f(x)}{x}=\lim\limits_{x\to 0}\frac{f(x)-0}{x-0}=f'(0)=a$,可知 $g'(0)=\lim\limits_{\Delta x\to 0}\frac{g(0+\Delta x)-g(0)}{\Delta x}=\lim\limits_{\Delta x\to 0}\frac{\frac{f(\Delta x)}{\Delta x}-f'(0)}{\Delta x}=\lim\limits_{\Delta x\to 0}\frac{f(\Delta x)-f'(0)\Delta x}{(\Delta x)^2}=\lim\limits_{\Delta x\to 0}\frac{f'(\Delta x)-f'(0)}{2(\Delta x)}=\frac{1}{2}\lim\limits_{\Delta x\to 0}\frac{f'(\Delta x)-f'(0)}{\Delta x}=\frac{1}{2}f''(0)$.

综合专题二

1. (1) $S=\int_{-2}^0[(x^2-2x+4)-(-6x)]dx+\int_0^2[(x^2-2x+4)-2x]dx=\int_{-2}^0(x^2+4x+4)dx+\int_0^2(x^2-4x+4)dx=\frac{16}{3}$.

(2) $V=\pi\int_{-2}^2(x^2-2x+4)^2dx-\pi\int_{-2}^0(-6x)^2dx-\pi\int_0^2(2x)^2dx=\frac{512}{15}\pi$.

2. (1) 设生产 x 件产品时,平均成本最小,则平均成本 $\overline{C}=\frac{C(x)}{x}=\frac{25\,000}{x}+200+\frac{1}{40}x$,$\overline{C}'(x)=0\Rightarrow x=1\,000$(件).

(2) 设生产 x 件产品时,企业可获最大利润,则最大利润为 $xP(x)-C(x)=x\left(440-\frac{1}{20}x\right)-\left(25\,000+200x+\frac{1}{40}x^2\right)$,$[xP(x)-C(x)]'=0\Rightarrow x=16\,000$,此时利润 $xP(x)-C(x)=167\,000$(元).

综合专题三

1. (1) 切点(2,4),切线方程 $y=4$.

(2) $S=\int_0^2[4-(4x-x^2)]dx=\frac{8}{3}$.

(3) $V=V_1-V_2=\pi\times 4^2\times 2-\pi\int_0^2(4x-x^2)^2dx=32\pi-\frac{256}{15}\pi$.

2. 设圆柱形底面半径为 r,高为 h,侧面单位面积造价为 l,则有

$$\begin{cases}V=\pi r^2 h & (1)\\ y=\pi r^2\cdot 2l+\pi r^2\cdot\frac{l}{2}+2\pi rhl & (2)\end{cases}$$

由(1)得 $h=\frac{V}{\pi r^2}$,代入(2)得: $y=\pi l\left(2r^2+\frac{1}{2}r^2+\frac{2V}{\pi r}\right)$,令 $y'=\pi l\left(5r-\frac{2V}{r^2\pi}\right)=0$,得 $r=\sqrt[3]{\frac{2V}{5\pi}}$,此时圆柱高 $h=\frac{V}{\pi}\left(\frac{2V}{5\pi}\right)^{-\frac{2}{3}}=\sqrt[3]{\frac{25V}{4\pi}}$. 所以当圆柱底面半径 $r=\sqrt[3]{\frac{2V}{5\pi}}$,高 $h=\sqrt[3]{\frac{25V}{4\pi}}$ 时造价最低.

综合专题四

1. 对 $\int_0^x tf(t)dt=x^2+1+f(x)$ 求导得 $xf(x)=2x+f'(x)$,即 $f'(x)-xf(x)=-2x$,且 $f(0)=$

$-1,p=-x,q=2x,\int p\mathrm{d}x=-\int x\mathrm{d}x=-\dfrac{x^2}{2},\mathrm{e}^{\int p\mathrm{d}x}=\mathrm{e}^{-\frac{x^2}{2}},\mathrm{e}^{-\int p\mathrm{d}x}=\mathrm{e}^{\frac{x^2}{2}},\int q\mathrm{e}^{\int p\mathrm{d}x}=-\int 2x\mathrm{e}^{-\frac{x^2}{2}}\mathrm{d}x=$
$2\int\mathrm{e}^{-\frac{x^2}{2}}\mathrm{d}\left(-\dfrac{x^2}{2}\right)=2\mathrm{e}^{-\frac{x^2}{2}}$,则 $f(x)=(2\mathrm{e}^{-\frac{x^2}{2}}+C)\mathrm{e}^{\frac{x^2}{2}}=2+C\mathrm{e}^{\frac{x^2}{2}}$. 由 $f(0)=-1$ 得:$-1=2+C$,故 $C=$
-3,即 $f=-3\mathrm{e}^{\frac{1}{2}x^2}+2$.

2. 如图所示,设污水处理厂建在河岸上离甲城 x 千米,则 $M(x)=500x$
$+700\sqrt{40^2+(50-x)^2}$,$0\leqslant x\leqslant 50$,$M'=500+700\times\dfrac{1}{2}\times\dfrac{2(x-50)}{\sqrt{40^2+(50-x)^2}}$
$=0$,解得 $x=50-\dfrac{100}{\sqrt{6}}$(千米)为唯一驻点,即污水处理厂建在离甲城 $50-$
$\dfrac{100}{\sqrt{6}}$ 千米处,能使铺设排污管的费用最省.

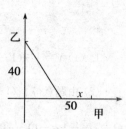

综合专题五

1. **解法一** 由已知 $y''|_{x=2}=0$,所以 $6\times 2+a=0,a=-12$,则 $y''=6x-12$,所以 $y'=3x^2-12x+C_1$.
由 $y'|_{x=2}=-3$,得 $C_1=9$,故 $y'=3x^2-12x+9$,所以 $y=x^3-6x^2+9x+C_2$.
由 $y|_{x=2}=4$,得 $C_2=2$.
故所求函数为 $y=x^3-6x^2+9x+2$.

解法二 设所求函数 $y=f(x)$,则由 $y''=6x+a$ 得 $y'=f'(x)=\int(6x+a)\mathrm{d}x=3x^2+ax+C_1$,$y=$
$f(x)=\int(3x^2+ax+C_1)\mathrm{d}x=x^3+\dfrac{a}{2}x^2+C_1x+C_2$,其中 C_1,C_2 为任意常数. 由题意,有 $f''(2)=0$,
$f'(2)=-3,f(2)=4$,即 $\begin{cases}12+a=0,\\ 12+2a+C_1=-3,\\ 8+2a+2C_1+C_2=4,\end{cases}$ 得 $\begin{cases}a=-12,\\ C_1=9,\\ C_2=2.\end{cases}$
故所求函数为 $y=f(x)=x^3-6x^2+9x+2$.

2. (1) 曲边梯形的面积 $A=\int_0^1\dfrac{1}{2}y^2\mathrm{d}y=\dfrac{1}{6}$.

(2) 旋转体体积 $V_x=\int_0^{\frac{1}{2}}\pi[1-(\sqrt{2x})^2]\mathrm{d}x=(\pi x-\pi x^2)\Big|_0^{\frac{1}{2}}=\dfrac{1}{4}\pi$.

综合专题六

1. 由题设可得:$y'=2x+y$.
这是一阶线性方程:$y'-y=2x$.
通解为:$y=C\mathrm{e}^x-2(x+1)$.
根据题意,曲线过 $(0,0)$ 点,即:$0=C-2$.
所以 $C=2$.
所求曲线方程为 $y=2\mathrm{e}^x-2(x+1)$.

2. 因为 $\iint\limits_{D_t}f(x)\mathrm{d}x\mathrm{d}y=\int_0^t\mathrm{d}x\int_0^t f(x)\mathrm{d}y=t\int_0^t f(x)\mathrm{d}x$.

所以 $g(t)=\begin{cases}\int_0^t f(x)\mathrm{d}x,& t\neq 0,\\ a,& t=0.\end{cases}$

(1) 因为 $\lim\limits_{t\to 0}g(t)=\lim\limits_{t\to 0}\int_0^t f(x)\mathrm{d}x=0$,所以 $a=0$.

(2) $t=0$ 时,$g'(0)=\lim\limits_{t\to 0}\dfrac{g(t)-g(0)}{t-0}=\lim\limits_{t\to 0}\dfrac{g(t)}{t}=\lim\limits_{t\to 0}\dfrac{\int_0^t f(x)\mathrm{d}x}{t}=\lim\limits_{t\to 0}f(t)=f(0).$

$t\neq 0$ 时,$g'(t)=\left(\int_0^t f(x)\mathrm{d}x\right)'=f(t),$

所以 $g'(t)=f(t).$

综合专题七

1. (1) $V=\int_0^1 \pi(1-x^2)^2\mathrm{d}x=\int_0^1 \pi(1-2x^2+x^4)\mathrm{d}x=\pi\left[x-\dfrac{2}{3}x^3+\dfrac{1}{5}x^5\right]_0^1=\dfrac{8}{15}\pi.$

(2) 由题意得 $\int_0^a (1-y)^{\frac{1}{2}}\mathrm{d}y=\int_a^1 (1-y)^{\frac{1}{2}}\mathrm{d}y.$ 由此得 $-\dfrac{2}{3}\left[(1-y)^{\frac{3}{2}}\right]_0^a=-\dfrac{2}{3}\left[(1-y)^{\frac{3}{2}}\right]_a^1,$ 即

$(1-a)^{\frac{3}{2}}-1=-(1-a)^{\frac{3}{2}}.$ 解得 $a=1-\left(\dfrac{1}{4}\right)^{\frac{1}{3}}.$

2. $f'(x)=3ax^2+2bx+c, f''(x)=6ax+2b.$

由题意得 $\begin{cases} f'(-1)=0, \\ f''(1)=0, \\ f(1)=2, \end{cases}$ 即 $\begin{cases} 3a-2b+c=0, \\ 6a+2b=0, \\ a+b+c=11, \end{cases}$ 解得 $\begin{cases} a=-1, \\ b=3, \\ c=9. \end{cases}$

综合专题八

1. 令 $F(x,y)=\dfrac{1}{x}-y,$ 那么 x 和 y 的偏导分别为 $F_x(x_0,y_0)=\dfrac{-1}{x_0^2}, F_y(x_0,y_0)=-1.$

所以过曲线上任意点 (x_0,y_0) 的切线方程为 $\dfrac{x-x_0}{x_0^2}+\dfrac{y-y_0}{1}=0.$

当 $x=0$ 时,y 轴上的截距为 $y=\dfrac{1}{x_0}+y_0.$

当 $y=0$ 时,x 轴上的截距为 $x=x_0^2 y_0+x_0.$

令 $F(x_0,y_0)=\dfrac{1}{x_0}+y_0+x_0^2 y_0+x_0,$ 那么即求 $F(x_0,y_0)$ 的最小值.

而 $F(x_0,y_0)=\dfrac{1}{x_0}+x_0+\dfrac{1}{x_0}+x_0=2\left(\dfrac{1}{x_0}+x_0\right)\geqslant 4,$ 故当 $x_0=y_0=1$ 时,取到最小值 4.

2. (1) $V=\pi\int_0^1 (4x^4-x^4)\mathrm{d}x=\dfrac{3\pi x^5}{5}\bigg|_0^1=\dfrac{3\pi}{5}.$

(2) 由题意得到等式:$\int_0^a (2x^2-x^2)\mathrm{d}x=\int_a^1 (2x^2-x^2)\mathrm{d}x$

化简得:$\int_0^a x^2\mathrm{d}x=\int_a^1 x^2\mathrm{d}x.$

解出 $a,$ 得到:$a^3=\dfrac{1}{2},$ 故 $a=\dfrac{1}{2^{\frac{1}{3}}}.$

综合专题九

1. (1) 函数 $f(x)$ 的定义域为 $(-\infty,+\infty), f'(x)=3x^2-3,$ 令 $f'(x)=0$ 得,$x=-1$ 或 $x=1.$

x	$(-\infty,-1)$	-1	$(-1,1)$	1	$(1,+\infty)$
$f'(x)$	+	0	−	0	+
$f(x)$	↗	3	↘	−1	↗

由上表可知,函数 $f(x)$ 的单调增区间为 $(-\infty,-1]$ 及 $[1,+\infty)$,单调减区间为 $[-1,1]$. 极大值为 $f(-1)=3$,极小值为 $f(1)=-1$.

(2) $f''(x)=6x$,令 $f''(x)=0$ 得,$x=0$.

x	$(-\infty,0)$	0	$(0,+\infty)$
$f''(x)$	$-$	0	$+$
$y=f(x)$	$\cap$	1	$\cup$

由上表知,曲线 $y=f(x)$ 在 $(-\infty,0]$ 上是凸的,在 $[0,+\infty)$ 上是凹的,点 $(0,1)$ 为拐点.

(3) 由于 $f(-1)=3, f(1)=-1, f(-2)=-1, f(3)=19$,故函数 $f(x)$ 在闭区间 $[-2,3]$ 上的最大值为 $f(3)=19$,最小值为 $f(1)=f(-2)=-1$.

2. (1) $V_1=\pi a^2 \times 2a^2 - \int_0^{2a^2} \pi x^2 \mathrm{d}y = 2\pi a^4 - \int_0^{2a^2} \pi \frac{y}{2} \mathrm{d}y = 2\pi a^4 - \pi a^4 = \pi a^4$.

$V_2 = \int_a^2 \pi(2x^2)^2 \mathrm{d}x = 4\pi \int_a^2 x^4 \mathrm{d}x = \frac{4}{5}\pi(32-a^5)$.

(2) $D_1 = \int_0^a 2x^2 \mathrm{d}x = \frac{2}{3}a^3$. $D_2 = \int_a^2 2x^2 \mathrm{d}x = \frac{2}{3}(8-a^3)$. 由 $D_1=D_2$ 得,$a=\sqrt[3]{4}$.

综合专题十

1. $V(a) = \pi \int_0^a (a^4-x^4) \mathrm{d}x + \pi \int_a^1 (x^4-a^4) \mathrm{d}x = \pi\left(\frac{8}{5}a^5 - a^4 + \frac{1}{5}\right)$ $(0<a<1)$.

$V'(a) = \pi(8a^4 - 4a^3) = 4\pi a^3(2a-1)$. 令 $V'(a)=0$,得 $a=\frac{1}{2}$.

由于 $V''\left(\frac{1}{2}\right) = \pi(32a^3-12a^2)\Big|_{a=\frac{1}{2}} = \pi > 0$,故 $a=\frac{1}{2}$ 时,$V(a)$ 取最小值.

2. 由于 $f'(x)+f(x)=2\mathrm{e}^x$ 为一阶线性微分方程,故

$f(x) = \mathrm{e}^{-\int \mathrm{d}x}\left(\int 2\mathrm{e}^x \mathrm{e}^{\int \mathrm{d}x} \mathrm{d}x + C\right) = \mathrm{e}^{-x}(\mathrm{e}^{2x}+C) = \mathrm{e}^x + C\mathrm{e}^{-x}$.

由 $f(0)=2$ 得,$C=1$. 故 $f(x) = \mathrm{e}^x + \mathrm{e}^{-x}$.

从而 $f'(x) = \mathrm{e}^x - \mathrm{e}^{-x}$. 于是 $y = \frac{f'(x)}{f(x)} = \frac{\mathrm{e}^x-\mathrm{e}^{-x}}{\mathrm{e}^x+\mathrm{e}^{-x}}$,

故 $A(t) = 1 \times t - \int_0^t \frac{\mathrm{e}^x-\mathrm{e}^{-x}}{\mathrm{e}^x+\mathrm{e}^{-x}} \mathrm{d}x = t - \ln(\mathrm{e}^t+\mathrm{e}^{-t}) + \ln 2$.

$\lim_{t \to +\infty} A(t) = \lim_{t \to +\infty}[t - \ln(\mathrm{e}^t+\mathrm{e}^{-t}) + \ln 2] = \lim_{t \to +\infty}\{t - \ln[\mathrm{e}^t(1+\mathrm{e}^{-2t})] + \ln 2\} = \lim_{t \to +\infty}[-\ln(1+\mathrm{e}^{-2t}) + \ln 2] = \ln 2$.

综合专题十一

1. $\lim_{x \to 0^-} f(x) = \lim_{x \to 0^-} \frac{\mathrm{e}^{ax}-x^2-ax-1}{x \arctan x} = \lim_{x \to 0^-} \frac{\mathrm{e}^{ax}-x^2-ax-1}{x^2} = \lim_{x \to 0^-} \frac{a\mathrm{e}^{ax}-2x-a}{2x} = \lim_{x \to 0^-} \frac{a^2\mathrm{e}^{ax}-2}{2} = \frac{a^2-2}{2}$,$\lim_{x \to 0^+} f(x) = \lim_{x \to 0^+} \frac{\mathrm{e}^{ax}-1}{\sin 2x} = \lim_{x \to 0^+} \frac{ax}{2x} = \frac{a}{2}$.

(1) 由 $\lim_{x \to 0^-} f(x) = \lim_{x \to 0^+} f(x) = f(0)$,得 $\frac{a^2-2}{2} = \frac{a}{2} = 1$,由此解得 $a=2$.

故当 $a=2$ 时,$x=0$ 是函数 $f(x)$ 的连续点.

(2) 由 $\lim_{x \to 0^-} f(x) = \lim_{x \to 0^+} f(x) \neq f(0)$,得 $\frac{a^2-2}{2} = \frac{a}{2} \neq 1$,由此解得 $a=-1$.

故当 $a=-1$ 时，$x=0$ 是函数 $f(x)$ 的可去间断点.

(3) 由 $\lim_{x\to 0^-} f(x) \neq \lim_{x\to 0^+} f(x)$，得 $\dfrac{a^2-2}{2} \neq \dfrac{a}{2}$，由此解得 $a\neq 2$ 且 $a\neq -1$.

故当 $a\neq 2$ 且 $a\neq -1$ 时，$x=0$ 是函数 $f(x)$ 的跳跃间断点.

2. (1) 方程 $xf'(x)-2f(x)=-(a+1)x$ 可化为 $f'(x)-\dfrac{2}{x}f(x)=-(a+1)$.

由于 $f'(x)-\dfrac{2}{x}f(x)=-(a+1)$ 为一阶线性微分方程，故 $f(x)=e^{-\int(-\frac{2}{x})dx}\left[\int -(a+1)e^{\int(-\frac{2}{x})dx}dx+C\right]=x^2\left(\dfrac{a+1}{x}+C\right)=(a+1)x+Cx^2$.

由 $f(1)=1$，得 $C=-a$. 故 $f(x)=(a+1)x-ax^2$.

又 $\int_0^1 f(x)dx=\int_0^1 [(a+1)x-ax^2]dx=\dfrac{a}{6}+\dfrac{1}{2}=\dfrac{2}{3}$，故 $a=1$.

因此，$f(x)=2x-x^2$.

(2) $V_x=\int_0^1 \pi f^2(x)dx=\int_0^1 \pi(2x-x^2)^2 dx=\pi\left[\dfrac{4}{3}x^3-x^4+\dfrac{1}{5}x^5\right]_0^1=\dfrac{8}{15}\pi$.

(3) $V_y=\int_0^1 2\pi x f(x)dx=\int_0^1 2\pi x(2x-x^2)dx=2\pi\left[\dfrac{2}{3}x^3-\dfrac{x^4}{4}\right]_0^1=\dfrac{5}{6}\pi$.

或 $V_y=\pi\times 1^2\times 1-\int_0^1 \pi x^2 dy=\pi-\int_0^1 \pi(1-\sqrt{1-y})^2 dy=\pi-\pi\int_0^1 (2-y-2\sqrt{1-y})dy=\dfrac{5}{6}\pi$.

综合专题十二

1. (1) 切线 L 的方程为 $y=2x-1$. (2) $A=\int_0^1 x^2 dx-\dfrac{1}{2}\times\dfrac{1}{2}\times 1=\dfrac{1}{12}$. (3) $V=\pi\int_0^1 (x^2)^2 dx-\dfrac{1}{3}\pi\times 1^2\times\dfrac{1}{2}=\dfrac{\pi}{30}$.

2. (1) 原方程两边对 x 求导得，$xf'(x)-3f(x)=3x^2$，即 $f'(x)-\dfrac{3}{x}f(x)=3x$. 这是一阶线性微分方程，故 $f(x)=e^{-\int(-\frac{3}{x})dx}\left[\int 3xe^{\int(-\frac{3}{x})dx}dx+C\right]=Cx^3-3x^2$. 又由原方程得 $f(1)=-2$，故 $C=1$，于是 $f(x)=x^3-3x^2$.

(2) $f'(x)=3x^2-6x=3x(x-2)$，令 $f'(x)=0$ 得，$x=0, x=2$. 列表讨论如下：

x	$(-\infty,0)$	0	$(0,2)$	2	$(2,+\infty)$
$f'(x)$	+	0	−	0	+
$f(x)$	↗	0	↘	−4	↗

由此得：函数 $f(x)$ 的单调增区间为 $(-\infty,0]$ 及 $[2,+\infty)$，单调减区间为 $[0,2]$；函数 $f(x)$ 的极大值为 $f(0)=0$，极小值为 $f(2)=-4$.

(3) $f''(x)=6x-6$，令 $f''(x)=0$ 得，$x=1$. 列表讨论如下：

x	$(-\infty,1)$	1	$(1,+\infty)$
$f''(x)$	−	0	+
$y=f(x)$	∩	−2	∪

由此得：曲线 $y=f(x)$ 的凸区间为 $(-\infty,1]$，凹区间为 $[1,+\infty)$；拐点为 $(1,-2)$.

综合专题十三

1. 解法一 (1) $A=\int_{-1}^0 (1-\sqrt{-x})dx+\int_0^2 \left(1-\dfrac{1}{4}x^2\right)dx$

170

$$= \left[x + \frac{2}{3}(-x)^{\frac{3}{2}}\right]_{-1}^{0} + \left[x - \frac{1}{12}x^3\right]_{0}^{2}$$

$$= \frac{1}{3} + \frac{4}{3} = \frac{5}{3}.$$

(2) $V = \int_{-1}^{0} \pi[1^2 - (\sqrt{-x})^2] dx + \int_{0}^{2} \pi\left[1^2 - \left(\frac{1}{4}x^2\right)^2\right] dx$

$$= \int_{-1}^{0} \pi(1+x) dx + \int_{0}^{2} \pi\left(1 - \frac{1}{16}x^4\right) dx$$

$$= \pi\left[x + \frac{1}{2}x^2\right]_{-1}^{0} + \pi\left[x - \frac{1}{80}x^5\right]_{0}^{2}$$

$$= \frac{1}{2}\pi + \frac{8}{5}\pi = \frac{21}{10}\pi.$$

解法二 (1) $A = \int_{0}^{1} [2\sqrt{y} - (-y^2)] dy = \int_{0}^{1} (2\sqrt{y} + y^2) dy$

$$= \left[\frac{4}{3}y^{\frac{3}{2}} + \frac{1}{3}y^3\right]_{0}^{1}$$

$$= \frac{4}{3} + \frac{1}{3} = \frac{5}{3}.$$

(2) $V = \int_{0}^{1} 2\pi y [2\sqrt{y} - (-y^2)] dy = \int_{0}^{1} 2\pi(2y^{\frac{3}{2}} + y^3) dy$

$$= 2\pi \left[\frac{4}{5}y^{\frac{5}{2}} + \frac{1}{4}y^4\right]_{0}^{1}$$

$$= \frac{21}{10}\pi.$$

2. $f(x) = F'(x) = \dfrac{d}{dx}\int_{0}^{x}(18t^{\frac{5}{3}} - 10t^2) dt = 18x^{\frac{5}{3}} - 10x^2$.

函数 $f(x)$ 的定义域为 $(-\infty, +\infty)$.

$f'(x) = 30x^{\frac{2}{3}} - 20x$,

$f''(x) = 20x^{-\frac{1}{3}} - 20 = 20\dfrac{1 - x^{\frac{1}{3}}}{x^{\frac{1}{3}}}$.

令 $f''(x) = 0$,得 $x = 1$;当 $x = 0$ 时,$f''(x)$ 不存在.

列表讨论如下:

x	$(-\infty, 0)$	0	$(0, 1)$	1	$(1, +\infty)$
$f''(x)$	$-$	不存在	$+$	0	$-$
$f(x)$	$\cap$	0	$\cup$	8	$\cap$

由此得:曲线 $y = f(x)$ 的凸区间为 $(-\infty, 0]$, $[1, +\infty)$,凹区间为 $[0, 1]$;拐点为 $(0, 0)$ 及 $(1, 8)$.

综合专题十四

1. (1) 抛物线 $y = 1 - x^2$ 在点 $(1, 0)$ 处的切线方程为 $y = -2x + 2$.
平面图形 D 的面积为

$$A = \int_{0}^{1}[(-2x+2) - (1-x^2)] dx = \int_{0}^{1}(x-1)^2 dx$$

$$= \frac{1}{3}\left[(x-1)^3\right]_{0}^{1} = \frac{1}{3}.$$

(2) 平面图形 D 绕 y 轴旋转一周所形成的旋转体的体积为

$$V=\int_0^1 2\pi x[(-2x+2)-(1-x^2)]dx=2\pi\int_0^1(x^3-2x^2+x)dx$$
$$=2\pi\left[\frac{x^4}{4}-\frac{2}{3}x^3+\frac{1}{2}x^2\right]_0^1=\frac{\pi}{6}.$$

2. (1) 原方程两边对 x 求导得 $x\varphi(x)=-\varphi'(x)$,

这是可分离变量的微分方程,分离变量得 $\dfrac{d[\varphi(x)]}{\varphi(x)}=-xdx$,

两边积分得 $\varphi(x)=Ce^{-\frac{x^2}{2}}$.

又由原方程得 $\varphi(0)=1$,故 $C=1$,从而 $\varphi(x)=e^{-\frac{x^2}{2}}$.

(2) $f(x)=\begin{cases}\dfrac{e^{-\frac{x^2}{2}}-1}{x^2}, & x\neq 0,\\ -\dfrac{1}{2}, & x=0,\end{cases}$

由于 $\lim\limits_{x\to 0}f(x)=\lim\limits_{x\to 0}\dfrac{e^{-\frac{x^2}{2}}-1}{x^2}=\lim\limits_{x\to 0}\dfrac{-\frac{x^2}{2}}{x^2}=-\dfrac{1}{2}=f(0)$,故 $f(x)$ 在 $x=0$ 处连续.

由于 $\lim\limits_{x\to 0}\dfrac{f(x)-f(0)}{x-0}=\lim\limits_{x\to 0}\dfrac{\frac{e^{-\frac{x^2}{2}}-1}{x^2}+\frac{1}{2}}{x-0}=\lim\limits_{x\to 0}\dfrac{2e^{-\frac{x^2}{2}}-2+x^2}{2x^3}$

$=\lim\limits_{x\to 0}\dfrac{-2xe^{-\frac{x^2}{2}}+2x}{6x^2}=\lim\limits_{x\to 0}\dfrac{-(e^{-\frac{x^2}{2}}-1)}{3x}=\lim\limits_{x\to 0}\dfrac{\frac{x^2}{2}}{3x}=0$,

故 $f(x)$ 在 $x=0$ 处可导.

综合专题十五

1. (1) $V_x=\int_0^a\pi(a^2x^2-x^4)dx=\dfrac{2}{15}\pi a^5$;$V_y=2\int_0^a\pi x(ax-x^2)dx=\dfrac{1}{6}\pi a^4$.

由题设得,$V_x=V_y$,故 $a=\dfrac{5}{4}$.

(2) $A=\int_0^a(ax-x^2)dx=\left[a\dfrac{x^2}{2}-\dfrac{x^3}{3}\right]_0^a=\dfrac{a^3}{6}=\dfrac{125}{384}$.

2. (1) $f'(x)=\dfrac{-ax+(a-2b)}{(x+1)^3}$.

由题设得 $\begin{cases}f(1)=-\dfrac{1}{4},\\ f'(1)=0,\end{cases}$ 即 $\begin{cases}\dfrac{a+b}{4}=-\dfrac{1}{4},\\ \dfrac{-2b}{8}=0.\end{cases}$

解之得,$a=-1,b=0$.

(2) $f'(x)=\dfrac{x-1}{(x+1)^3}$,$f''(x)=\dfrac{-2(x-2)}{(x+1)^4}$.

令 $f''(x)=0$,得 $x=2$. 列表讨论如下:

x	$(-\infty,-1)$	$(-1,2)$	2	$(2,+\infty)$
$f''(x)$	$+$	$+$	0	$-$
$y=f(x)$	$\cup$	$\cup$	$-\dfrac{2}{9}$	$\cap$

由此得:曲线 $y=f(x)$ 的凹区间为 $(-\infty,-1),(-1,2]$,凸区间为 $[2,+\infty)$;拐点为 $\left(2,-\dfrac{9}{2}\right)$.

(3) 因为 $\lim\limits_{x\to-1}f(x)=\lim\limits_{x\to-1}\dfrac{-x}{(x+1)^2}=+\infty$,所以直线 $x=-1$ 为铅直渐近线;因为 $\lim\limits_{x\to\infty}f(x)=\lim\limits_{x\to\infty}\dfrac{-x}{(x+1)^2}=0$,所以直线 $y=0$ 为水平渐近线.

五、证明题专项练习

证明专题一

1. **证法一** 设 $F(x)=f(a+x)-f(x)$,则 $F(x)$ 在闭区间 $[0,b]$ 上连续,在开区间 $(0,b)$ 内可导,由 $f'(x)$ 在 $(0,c)$ 上严格单调递减,得 $F'(x)=f'(a+x)-f'(x)<0(0<x<b)$,于是 $F(x)$ 在 $[0,b]$ 上严格单调递减,知 $F(b)<F(0)$,即 $f(a+b)-f(b)<f(a)-f(0)$,而 $f(0)=0$,故 $f(a)+f(b)>f(a+b)$.

证法二 由拉格朗日定理知: $\dfrac{f(a+b)-f(b)}{a}=f'(\xi_1)$ $(b<\xi_1<a+b)$, $\dfrac{f(a)-f(0)}{a}=f'(\xi_2)$ $(0<\xi_2<a)$,由于 $f'(x)$ 在 $(0,c)$ 上严格单调递减,知 $f'(\xi_1)<f'(\xi_2)$,而 $f(0)=0$,故 $f(a)+f(b)>f(a+b)$.

2. 证明:令 $f(x)=\dfrac{\tan x}{x}$. 因为 $0<x<\dfrac{\pi}{2}$,所以 $\sin x<x$,且 $\cos x<1$. 则 $f'(x)=\dfrac{x\sec^2 x-\tan x}{x^2}>\dfrac{x-\sin x\cos x}{x^2}>\dfrac{x-\sin x}{x^2}>0$. $f(x)=\dfrac{\tan x}{x}$ 在 $0<x<\dfrac{\pi}{2}$ 内单调递增. 当 $0<x_1<x_2<\dfrac{\pi}{2}$ 时, $f(x_2)>f(x_1)$,即 $\dfrac{\tan x_2}{x_2}>\dfrac{\tan x_1}{x_1}$,从而 $\dfrac{\tan x_2}{\tan x_1}>\dfrac{x_2}{x_1}$.

证明专题二

1. 证明:设 $F(x)=1-\dfrac{x^2}{\pi}-\cos x$,因为 $F(-x)=F(x)$,所以 $F(x)$ 是偶函数,我们只需要考虑区间 $\left[0,\dfrac{\pi}{2}\right]$,考虑 $F'(x)=-\dfrac{2x}{\pi}+\sin x$, $F''(x)=-\dfrac{2}{\pi}+\cos x$. 在 $x\in\left[0,\arccos\dfrac{2}{\pi}\right]$ 时, $F''(x)>0$,即表明 $F'(x)$ 在 $\left[0,\arccos\dfrac{2}{\pi}\right]$ 内单调递增,所以函数 $F(x)$ 在 $\left[0,\arccos\dfrac{2}{\pi}\right]$ 内严格单调递增;在 $x\in\left(\arccos\dfrac{2}{\pi},\dfrac{\pi}{2}\right]$ 时, $F''(x)<0$,即表明 $F'(x)$ 在 $\left(\arccos\dfrac{2}{\pi},\dfrac{\pi}{2}\right]$ 内单调递减,又因为 $F'\left(\dfrac{\pi}{2}\right)=0$,说明 $F(x)$ 在 $\left(\arccos\dfrac{2}{\pi},\dfrac{\pi}{2}\right]$ 单调递增. 综上所述, $F(x)$ 的最小值是当 $x=0$ 时,因为 $F(0)=0$,所以 $F(x)$ 在 $\left[-\dfrac{\pi}{2},\dfrac{\pi}{2}\right]$ 内满足 $F(x)\geqslant 0$,故当 $-\dfrac{\pi}{2}<x<\dfrac{\pi}{2}$ 时, $\cos x\leqslant 1-\dfrac{1}{\pi}x^2$ 成立.

2. 证明:令 $f(x)=x^2+\dfrac{16}{x}-12$. 则 $f'(x)=2x-\dfrac{16}{x^2}$, $f''(x)=2+\dfrac{32}{x^3}$. 令 $f'(x)=0$,得驻点 $x=2$,且 $f''(2)=6>0$. 所以,在区间 $(0,+\infty)$ 内, $x=2$ 是函数的极小值点,也是最小值点. 故,当 $x>0$ 时, $f(x)\geqslant f(2)=0$,亦即 $x^2+\dfrac{16}{x}-12\geqslant 0$, $x^2+\dfrac{16}{x}\geqslant 12$ 成立.

证明专题三

1. 证明：令 $f(x)=xe^x-2$，$f(0)=-2<0$，$f(1)=e-2>0$，因为 $f(x)$ 在 $(0,1)$ 内连续，故 $f(x)$ 在 $(0,1)$ 内至少存在一个实数 ξ，使得 $f(\xi)=0$. 又因为 $f'(x)=e^x(1+x)$ 在 $(0,1)$ 内大于零，所以 $f(x)$ 在 $(0,1)$ 内单调递增，所以 $f(x)=0$ 在 $(0,1)$ 内有且仅有一个实根.

2. 证明：令 $f(x)=x-\ln x$，则 $f'(x)=1-\dfrac{1}{x}$. 令 $f'(x)=0$，得驻点 $x=1$. 又 $f(1)=1$，$f\left(\dfrac{1}{e}\right)=\dfrac{1}{e}+1$，$f(e)=e-1$，故在 $\left[\dfrac{1}{e},e\right]$ 内，$f_{\max}=f(e)=e-1$，$f_{\min}=f(1)=1$. 故当 $\dfrac{1}{e}\leqslant x\leqslant e$ 时，$1\leqslant x-\ln x\leqslant e-1$.

证明专题四

1. 证明：$\displaystyle\int_0^\pi xf(\sin x)\mathrm{d}x \xlongequal{t=\pi-x} -\int_\pi^0 (\pi-t)f(\sin(\pi-t))\mathrm{d}t = \int_0^\pi (\pi-t)f(\sin t)\mathrm{d}t =$
$\displaystyle\int_0^\pi (\pi-x)f(\sin x)\mathrm{d}x = \pi\int_0^\pi f(\sin x)\mathrm{d}x - \int_0^\pi xf(\sin x)\mathrm{d}x$，则 $\displaystyle\int_0^\pi xf(\sin x)\mathrm{d}x = \dfrac{\pi}{2}\int_0^\pi f(\sin x)\mathrm{d}x$，
$\displaystyle\int_0^\pi x\cdot\dfrac{\sin x}{1+\cos^2 x}\mathrm{d}x = \dfrac{\pi}{2}\int_0^\pi \dfrac{\sin x}{1+\cos^2 x}\mathrm{d}x = -\dfrac{\pi}{2}\int_0^\pi \dfrac{\mathrm{d}\cos x}{1+\cos^2 x} = -\dfrac{\pi}{2}\arctan(\cos x)\Big|_0^\pi = \dfrac{\pi^2}{4}$.

2. 证明：令 $f(x)=\arcsin x - x - \dfrac{1}{6}x^3$，则 $f'(x)=\dfrac{1}{\sqrt{1-x^2}}-1-\dfrac{1}{2}x^2$，$f''(x)=\dfrac{x[1-(\sqrt{1-x^2})^3]}{(\sqrt{1-x^2})^3}$. 由于当 $0<x<1$ 时，$f''(x)>0$，故函数 $f'(x)$ 在 $[0,1]$ 上单调递增，于是，当 $0<x<1$ 时，$f'(x)>f'(0)=0$，故函数 $f(x)$ 在 $[0,1]$ 上单调递增，从而当 $0<x<1$ 时，$f(x)>f(0)=0$，即当 $0<x<1$ 时，$\arcsin x > x+\dfrac{1}{6}x^3$.

证明专题五

1. 证明：设 $f(x)=x^3-3x+1$，则 $f'(x)=3x^2-3<0$，$x\in(-1,1)$，即 $f(x)$ 单调递减，故在 $(-1,1)$ 内至多有一个实根. 又 $f(-1)\cdot f(1)<0$，且 $f(x)$ 在 $(-1,1)$ 上连续，由零点存在定理知在 $(-1,1)$ 内至少存在一点 ξ 使得 $f(\xi)=0$，即 $f(x)=0$ 在 $(-1,1)$ 至少有一个实根. 综上可知，方程 $x^3-3x+1=0$ 在 $[-1,1]$ 上有且仅有一个实根.

2. 证明：令 $x=\dfrac{\pi}{2}-t$，则 $\cos x=\sin t$，$\sin x=\cos t$，$\mathrm{d}x=-\mathrm{d}t$，且当 $x=0$ 时，$t=\dfrac{\pi}{2}$；当 $x=\dfrac{\pi}{2}$ 时，$t=0$. 左式 $\displaystyle\int_0^{\frac{\pi}{2}} \dfrac{f(\cos^2 x)}{f(\sin^2 x)+f(\cos^2 x)}\mathrm{d}x = \int_{\frac{\pi}{2}}^0 \dfrac{f(\sin^2 t)}{f(\cos^2 t)+f(\sin^2 t)}(-\mathrm{d}t) = \int_0^{\frac{\pi}{2}} \dfrac{f(\sin^2 t)}{f(\sin^2 t)+f(\cos^2 t)}\mathrm{d}t =$
$\displaystyle\int_0^{\frac{\pi}{2}} \dfrac{f(\sin^2 x)}{f(\sin^2 x)+f(\cos^2 x)}\mathrm{d}x$；又 $\displaystyle\int_0^{\frac{\pi}{2}} \dfrac{f(\cos^2 x)}{f(\sin^2 x)+f(\cos^2 x)}\mathrm{d}x + \int_0^{\frac{\pi}{2}} \dfrac{f(\sin^2 x)}{f(\sin^2 x)+f(\cos^2 x)}\mathrm{d}x = \dfrac{\pi}{2}$，所以 $\displaystyle\int_0^{\frac{\pi}{2}} \dfrac{f(\cos^2 x)}{f(\sin^2 x)+f(\cos^2 x)}\mathrm{d}x = \int_0^{\frac{\pi}{2}} \dfrac{f(\sin^2 x)}{f(\sin^2 x)+f(\cos^2 x)}\mathrm{d}x = \dfrac{\pi}{4}$.

证明专题六

1. 证明：记 $f(x)=3x-x^3$，则 $f(x)$ 在 $|x|\leqslant 2$ 时连续，在 $|x|<2$ 时可导.
令 $f'(x)=3-3x^2=0$，则解得驻点：$x=\pm 1$.
而 $f(-2)=2$，$f(-1)=-2$，$f(1)=2$，$f(2)=-2$，即
$f(x)$ 在 $[-2,2]$ 上最大值为 2，最小值为 -2.

所以 $|x|\leqslant 2$ 时，$|3x-x^3|\leqslant 2$.

2. 证明：当 $x\neq 0$ 时，$f(x)=(1+x)^{\frac{1}{x}}$ 在区间 $(-\infty,0)\cup(0,+\infty)$ 内处处连续且可导. 另，$\lim\limits_{x\to 0}(1+x)^{\frac{1}{x}}=\mathrm{e}=f(0)$，故 $f(x)$ 在 $x=0$ 处连续. 又 $\lim\limits_{x\to 0}\dfrac{f(x)-f(0)}{x-0}=\lim\limits_{x\to 0}\dfrac{(1+x)^{\frac{1}{x}}-\mathrm{e}}{x}=\lim\limits_{x\to 0}\dfrac{[\mathrm{e}^{\frac{1}{x}\ln(1+x)}]'}{1}=$

$\lim\limits_{x\to 0}(1+x)^{\frac{1}{x}}\cdot\dfrac{\frac{x}{1+x}-\ln(1+x)}{x^2}=\mathrm{e}\lim\limits_{x\to 0}\dfrac{x-(1+x)\ln(1+x)}{x^2(1+x)}=\mathrm{e}\lim\limits_{x\to 0}\dfrac{1-\ln(1+x)-1}{2x}=-\dfrac{1}{2}\mathrm{e}\lim\limits_{x\to 0}\dfrac{\ln(1+x)}{x}=$

$-\dfrac{1}{2}\mathrm{e}$. 所以 $f(x)$ 在 $x=0$ 处也可导. 综上，可知函数 $f(0)$ 在区间 $(-\infty,+\infty)$ 内处处连续且可导.

证明专题七

1. 证明：积分域 $D:\begin{cases}a\leqslant y\leqslant b,\\ y\leqslant x\leqslant b,\end{cases}$ 积分域又可表示成 $D:\begin{cases}a\leqslant x\leqslant b,\\ a\leqslant y\leqslant x.\end{cases}$

$\displaystyle\int_a^b\mathrm{d}y\int_y^b f(x)\mathrm{e}^{2x+y}\mathrm{d}x=\iint\limits_D f(x)\mathrm{e}^{2x+y}\mathrm{d}x\mathrm{d}y=\int_a^b\mathrm{d}x\int_a^x f(x)\mathrm{e}^{2x+y}\mathrm{d}y$

$=\displaystyle\int_a^b f(x)\mathrm{e}^{2x}\mathrm{d}x\int_a^x\mathrm{e}^y\mathrm{d}y=\int_a^b f(x)\mathrm{e}^{2x}(\mathrm{e}^x-\mathrm{e}^a)\mathrm{d}x=\int_a^b f(x)(\mathrm{e}^{3x}-\mathrm{e}^{2x+a})\mathrm{d}x$

2. 证法一 令 $F(x)=(x^2-1)\ln x-(x-1)^2$，则 $F'(x)=2x\ln x-x-\dfrac{1}{x}+2$，$F''(x)=2\ln x+\dfrac{1}{x^2}+1$，$F'''(x)=\dfrac{2(x^2-1)}{x^3}$.

当 $0<x<1$ 时，$F'''(x)<0$，从而 $F''(x)$ 在 $(0,1]$ 上单调递减；当 $x>1$ 时，$F'''(x)>0$，从而 $F''(x)$ 在 $[1,+\infty)$ 上单调递增. 所以当 $x>0$ 时，$F''(x)\geqslant F''(1)=2>1$，于是 $F'(x)$ 在 $(0,+\infty)$ 上单调递增. 当 $0<x<1$ 时，$F'(x)<F'(1)=0$，从而 $F(x)$ 在 $(0,1]$ 上单调递减，故 $0<x<1$ 时，$F(x)>F(1)=0$；当 $x>1$ 时，$F'(x)>F'(1)=0$，从而 $F(x)$ 在 $[1,+\infty)$ 上单调递增，故当 $x\geqslant 1$ 时，$F(x)\geqslant F(1)=0$. 综上所述，当 $x>0$ 时，总有 $F(x)\geqslant F(1)=0$，即 $(x^2-1)\ln x\geqslant (x-1)^2$.

证法二 令 $F(x)=\ln x-\dfrac{x-1}{x+1}$，显然，$F(x)$ 在 $(0,+\infty)$ 上连续. 由于 $F'(x)=\dfrac{x^2+1}{x(x+1)^2}>0$，故 $F(x)$ 在 $(0,+\infty)$ 上单调递增，于是，当 $0<x<1$ 时，$F(x)<F(1)=0$，即 $\ln x<\dfrac{x-1}{x+1}$，又 $x^2-1<0$，故 $(x^2-1)\ln x>(x-1)^2$；当 $x\geqslant 1$ 时，$F(x)\geqslant F(1)=0$，即 $\ln x\geqslant\dfrac{x-1}{x+1}$，又 $x^2-1\geqslant 0$，故 $(x^2-1)\ln x\geqslant (x-1)^2$. 综上所述，当 $x>0$ 时，总有 $(x^2-1)\ln x\geqslant (x-1)^2$.

证明专题八

1. 证明：令 $g(x)=f(x+a)-f(x)$，那么 $g(a)=f(2a)-f(a)$，$g(0)=f(a)-f(0)$.
由于 $g(a)g(0)<0$，并且 $g(x)$ 在 $[0,a]$ 上连续.
故存在 $\xi\in(0,a)$，使得 $g(\xi)=0$，即 $f(\xi)=f(\xi+a)$.

2. 证法一 将 e^x 用泰勒公式展开得到：$\mathrm{e}^x=1+\dfrac{1}{1!}x+\dfrac{1}{2!}x^2+\cdots$

代入不等式左边：$(1-x)\mathrm{e}^x=(1-x)\left(1+\dfrac{1}{1!}x+\dfrac{1}{2!}x^2+\cdots\right)=1-\dfrac{1}{2}x^2-\dfrac{1}{3}x^3-\cdots\leqslant 1$.

证法二 令 $F(x)=(1-x)\mathrm{e}^x-1$，则 $F(0)=0$.
因为 $F'(x)=-\mathrm{e}^x+(1-x)\mathrm{e}^x=-x\mathrm{e}^x$，
所以当 $x<0$ 时，$F'(x)>0$，$F(x)$ 单调递增. 故 $F(x)<F(0)=0$.
当 $x>0$ 时，$F'(x)<0$，$F(x)$ 单调递减. 故 $0=F(0)>F(x)$.

于是得 $F(x) \leqslant 0$，即 $(1-x)e^x \leqslant 1$.

证明专题九

1. 证明：(1) 因为 $\lim\limits_{x \to 0^-} f(x) = \lim\limits_{x \to 0^-} e^{-x} = 1$，$\lim\limits_{x \to 0^+} f(x) = \lim\limits_{x \to 0^+} (x+1) = 1$，且 $f(0)=1$，所以函数 $f(x)$ 在 $x=0$ 处连续.

(2) 因为 $\lim\limits_{x \to 0^-} \dfrac{f(x)-f(0)}{x-0} = \lim\limits_{x \to 0^-} \dfrac{e^{-x}-1}{x} = -1$，$\lim\limits_{x \to 0^+} \dfrac{f(x)-f(0)}{x-0} = \lim\limits_{x \to 0^+} \dfrac{x+1-1}{x} = 1$，所以 $f'_-(0) = -1$，$f'_+(0) = 1$. 由于 $f'_-(0) \neq f'_+(0)$，所以函数 $f(x)$ 在 $x=0$ 处不可导.

2. 证明：令 $f(x) = 4x\ln x - x^2 - 2x + 3$，则 $f'(x) = 4\ln x - 2x + 2$，$f''(x) = \dfrac{4}{x} - 2 = \dfrac{4-2x}{x}$，由于当 $1 < x < 2$ 时，$f''(x) > 0$，故函数 $f'(x)$ 在 $[1,2]$ 上单调增加，从而当 $1 < x < 2$ 时，$f'(x) > f'(1) = 0$，于是函数 $f(x)$ 在 $[1,2]$ 上单调增加，从而当 $1 < x < 2$ 时，$f(x) > f(1) = 0$，即当 $1 < x < 2$ 时，$4x\ln x > x^2 + 2x - 3$.

证明专题十

1. 证明：令 $f(x) = e^{x-1} - \dfrac{1}{2}x^2 - \dfrac{1}{2}$，则 $f'(x) = e^{x-1} - x$，$f''(x) = e^{x-1} - 1$.

由于当 $x > 1$ 时，$f''(x) > 0$，故函数 $f'(x)$ 在 $[1,+\infty)$ 上单调递增，

从而当 $x > 1$ 时，$f'(x) > f'(1) = 0$.

于是，函数 $f(x)$ 在 $[1,+\infty)$ 上单调递增，从而当 $x > 1$ 时，$f(x) > f(1) = 0$，即当 $x > 1$ 时，$e^{x-1} > \dfrac{1}{2}x^2 + \dfrac{1}{2}$.

2. 证明：(1) 因为 $\varphi(0) = 0$，$\varphi'(0) = 1$，所以

$\lim\limits_{x \to 0} f(x) = \lim\limits_{x \to 0} \dfrac{\varphi(x)}{x} = \varphi'(0) = 1 = f(0)$，所以函数 $f(x)$ 在 $x=0$ 处连续.

(2) 因为函数 $\varphi(x)$ 在 $x=0$ 处具有二阶连续导数，且 $\varphi'(0) = 1$，所以 $\lim\limits_{x \to 0} \dfrac{f(x)-f(0)}{x-0} = \lim\limits_{x \to 0} \dfrac{\dfrac{\varphi(x)}{x} - 1}{x}$

$= \lim\limits_{x \to 0} \dfrac{\varphi(x) - x}{x^2} = \lim\limits_{x \to 0} \dfrac{\varphi'(x) - 1}{2x} = \lim\limits_{x \to 0} \dfrac{\varphi''(x)}{2} = \dfrac{1}{2}\varphi''(0)$.

因此，函数 $f(x)$ 在 $x=0$ 处可导.

证明专题十一

1. 证明：令 $f(x) = x\ln(1+x^2) - 2$，则 $f(x)$ 在 $[0,2]$ 上连续，

且 $f(0) = -2 < 0$，$f(2) = 2\ln 5 - 2 > 0$，$f(2) < 2$.

据零点定理，函数 $f(x)$ 在 $(0,2)$ 内至少存在一个零点.

又由于 $f'(x) = \ln(1+x^2) + \dfrac{2x^2}{1+x^2} > 0$，故函数 $f(x)$ 单调递增. 于是，函数 $f(x)$ 至多有一个零点.

综上可得，$f(x)$ 在 $(0,2)$ 内有且仅有一个零点，即方程 $x\ln(1+x^2) = 2$ 有且仅有一个小于 2 的正实根.

2. 证明：令 $f(x) = x^{2011} + 2010 - 2011x$，则

$f'(x) = 2011(x^{2010} - 1)$.

令 $f'(x) = 0$ 得函数 $f(x)$ 在 $(0,+\infty)$ 内的驻点 $x = 1$.

由于当 $0 < x < 1$ 时，$f'(x) < 0$；当 $x > 1$ 时，$f'(x) > 0$，所以 $f(x)$ 在点 $x=1$ 处取得极小值，由于 $f(x)$ 的极值点唯一，所以 $f(x)$ 在 $(0,+\infty)$ 内的最小值为 $f(1) = 0$.

因此,当 $x>0$ 时,$f(x)\geqslant f(1)=0$,

即当 $x>0$ 时,$x^{2011}+2010\geqslant 2011x$.

证明专题十二

1. 证明:令 $f(x)=x\ln x-\frac{1}{2}(x^2-1)$,则 $f'(x)=\ln x+1-x$,$f''(x)=\frac{1}{x}-1$. 由于当 $x>1$ 时,$f''(x)<0$,故函数 $f'(x)$ 在 $[1,+\infty)$ 上单调递减,于是,当 $x>1$ 时,$f'(x)<f'(1)=0$,故函数 $f(x)$ 在 $[1,+\infty)$ 上单调递减,从而当 $x>1$ 时,$f(x)<f(1)=0$,即当 $x>1$ 时,$x\ln x<\frac{1}{2}(x^2-1)$.

2. 证明:由于函数 $g(x)$ 在 $(-\infty,+\infty)$ 上连续,且 $\lim_{x\to 0}\frac{g(x)}{1-\cos x}=3$,故 $g(0)=\lim_{x\to 0}g(x)=\lim_{x\to 0}\left[\frac{g(x)}{1-\cos x}\cdot(1-\cos x)\right]=3\times 0=0$. 由 $\lim_{x\to 0}\frac{g(x)}{1-\cos x}=\lim_{x\to 0}\frac{g(x)}{\frac{1}{2}x^2}=3$ 得 $\lim_{x\to 0}\frac{g(x)}{x^2}=\frac{3}{2}$.

于是 $\lim_{x\to 0}\frac{f(x)-f(0)}{x-0}=\lim_{x\to 0}\frac{\frac{\int_0^x g(t)\mathrm{d}t}{x^2}-g(0)}{x}=\lim_{x\to 0}\frac{\frac{\int_0^x g(t)\mathrm{d}t}{x^2}-0}{x}=\lim_{x\to 0}\frac{\int_0^x g(t)\mathrm{d}t}{x^3}=\lim_{x\to 0}\frac{g(x)}{3x^2}=\frac{1}{3}\lim_{x\to 0}\frac{g(x)}{x^2}=\frac{1}{3}\times\frac{3}{2}=\frac{1}{2}$. 故函数 $f(x)$ 在 $x=0$ 处可导,且 $f'(0)=\frac{1}{2}$.

证明专题十三

1. 证明:令 $f(x)=(1+\ln x)^2-2x+1$,

则 $f'(x)=\frac{2}{x}(1+\ln x)-2$,$f''(x)=-\frac{2}{x^2}\ln x$.

由于当 $x>1$ 时,$f''(x)<0$,故函数 $f'(x)$ 在 $[1,+\infty)$ 上单调递减. 于是当 $x>1$ 时,$f'(x)<f'(1)=0$,从而函数 $f(x)$ 在 $[1,+\infty)$ 上单调递减. 于是当 $x>1$ 时,$f(x)<f(1)=0$,即 $(1+\ln x)^2<2x-1$.

2. 证法一 $\int_a^b f(x)\mathrm{d}x=\int_a^{\frac{a+b}{2}}f(x)\mathrm{d}x+\int_{\frac{a+b}{2}}^b f(x)\mathrm{d}x$.

令 $x=a+b-t$,则

$\int_{\frac{a+b}{2}}^b f(x)\mathrm{d}x=\int_{\frac{a+b}{2}}^a f(a+b-t)(-1)\mathrm{d}t$

$=\int_a^{\frac{a+b}{2}}f(a+b-t)\mathrm{d}t$

$=\int_a^{\frac{a+b}{2}}f(a+b-x)\mathrm{d}x$.

于是,$\int_a^b f(x)\mathrm{d}x=\int_a^{\frac{a+b}{2}}f(x)\mathrm{d}x+\int_{\frac{a+b}{2}}^b f(x)\mathrm{d}x=\int_a^{\frac{a+b}{2}}f(x)\mathrm{d}x+\int_a^{\frac{a+b}{2}}f(a+b-x)\mathrm{d}x$

$=\int_a^{\frac{a+b}{2}}[f(x)+f(a+b-x)]\mathrm{d}x$.

证法二 $\int_a^{\frac{a+b}{2}}[f(x)+f(a+b-x)]\mathrm{d}x=\int_a^{\frac{a+b}{2}}f(x)\mathrm{d}x+\int_a^{\frac{a+b}{2}}f(a+b-x)\mathrm{d}x$.

令 $a+b-x=u$,则

$\int_a^{\frac{a+b}{2}}f(a+b-x)\mathrm{d}x=\int_b^{\frac{a+b}{2}}f(u)(-1)\mathrm{d}u$

$=\int_{\frac{a+b}{2}}^b f(u)\mathrm{d}u$

$$= \int_{\frac{a+b}{2}}^{b} f(x)\mathrm{d}x.$$

于是,

$$\int_{a}^{\frac{a+b}{2}} [f(x)+f(a+b-x)]\mathrm{d}x = \int_{a}^{\frac{a+b}{2}} f(x)\mathrm{d}x + \int_{\frac{a+b}{2}}^{b} f(x)\mathrm{d}x = \int_{a}^{b} f(x)\mathrm{d}x.$$

证明专题十四

1. 证明:令 $f(x)=x\ln x-3$,则函数 $f(x)$ 在 $[2,3]$ 上连续,

且 $f(2)=2\ln 2-3<2-3=-1<0, f(3)=3\ln 3-3>0$.

据零点定理,函数 $f(x)$ 在 $(2,3)$ 内至少有一个零点.

又 $f'(x)=\ln x+1>0(2<x<3)$,故函数 $f(x)$ 在 $(2,3)$ 内单调递增,从而函数 $f(x)$ 在 $(2,3)$ 内至多有一个零点.

综上得,函数 $f(x)$ 在 $(2,3)$ 内有且仅有一个零点,即方程 $x\ln x=3$ 在区间 $(2,3)$ 内有且仅有一个实根.

2. 证明:令 $f(x)=\mathrm{e}^x-1-\frac{1}{2}x^2-\ln(x+1)$,则

$$f'(x)=\mathrm{e}^x-x-\frac{1}{x+1}, f''(x)=\mathrm{e}^x-1+\frac{1}{(x+1)^2}.$$

由于,当 $x>0$ 时,$f''(x)=\mathrm{e}^x-1+\frac{1}{(x+1)^2}>0$,故 $f'(x)$ 在 $[0,+\infty)$ 上单调递增。

于是,当 $x>0$ 时,$f'(x)>f'(0)=0$,故 $f(x)$ 在 $[0,+\infty)$ 上单调递增。

于是,当 $x>0$ 时,$f(x)>f(0)=0$,即 $\mathrm{e}^x-1>\frac{1}{2}x^2+\ln(x+1)$.

证明专题十五

1. 证明:令 $f(x)=(x-2)\ln(1-x)-2x$,

则 $f'(x)=\ln(1-x)-\frac{x-2}{1-x}-2$,

$$f''(x)=\frac{-1}{1-x}+\frac{1}{(1-x)^2}=\frac{x}{(1-x)^2}.$$

由于当 $0<x<1$ 时,$f''(x)>0$,故函数 $f'(x)$ 在 $[0,1)$ 上单调递增.

于是,当 $0<x<1$ 时,$f'(x)>f'(0)=0$,

故函数 $f(x)$ 在 $[0,1)$ 上单调递增,从而当 $0<x<1$ 时,$f(x)>f(0)=0$,

即当 $0<x<1$ 时,$(x-2)\ln(1-x)>2x$.

2. 证明:令 $F(x,y,z)=y+z-xf(y^2-z^2)$,则

$F'_x=-f(y^2-z^2), F'_y=1-2xyf'(y^2-z^2), F'_z=1+2xzf'(y^2-z^2)$.

故 $\dfrac{\partial z}{\partial x}=-\dfrac{F'_x}{F'_z}=\dfrac{f(y^2-z^2)}{1+2xzf'(y^2-z^2)}, \dfrac{\partial z}{\partial y}=-\dfrac{F'_y}{F'_z}=\dfrac{2xyf'(y^2-z^2)-1}{1+2xzf'(y^2-z^2)}.$

于是,

$$x\dfrac{\partial z}{\partial x}+z\dfrac{\partial z}{\partial y}=\dfrac{xf(y^2-z^2)}{1+2xzf'(y^2-z^2)}+\dfrac{2xyzf'(y^2-z^2)-z}{1+2xzf'(y^2-z^2)}=\dfrac{xf(y^2-z^2)-z+2xyzf'(y^2-z^2)}{1+2xzf'(y^2-z^2)}$$

$$=\dfrac{y+2xyzf'(y^2-z^2)}{1+2xzf'(y^2-z^2)}=\dfrac{y[1+2xzf'(y^2-z^2)]}{1+2xzf'(y^2-z^2)}=y.$$